应用型本科院校计算机类专业校企合作实训系列教材

数据库原理实验教程
(SQL Server 2005)

主　编　李　朔　杨蔚鸣
副主编　张　颖

南京大学出版社

应用型本科院校计算机类专业校企合作实训系列教材编委会

主 任 委 员：刘维周

副主任委员：张相学　徐　琪　杨种学（常务）

委　　　员（以姓氏笔画为序）：

王小正　王江平　王　燕　田丰春　曲　波

李　朔　李　滢　闵宇峰　杨　宁　杨立林

杨蔚鸣　郑　豪　徐家喜　谢　静　潘　雷

序　言

在当前的信息时代和知识经济时代,计算机科学与信息技术的应用已经渗透到国民生活的方方面面,成为推动社会进步和经济发展的重要引擎。

随着产业进步、学科发展和社会分工的进一步精细化,计算机学科新知识、新领域层出不穷,多学科交叉与融合的计算机学科新形态正逐渐形成。2012年,国家教育部公布《普通高等学校本科专业目录(2012年)》中将计算机类专业分为计算机科学与技术、软件工程、网络工程、物联网工程、信息安全、数字媒体技术等专业。

随着国家信息化步伐的加快和我国高等教育逐步走向大众化,计算机类专业人才培养不仅在数量的增加上也在质量的提高上对目前的计算机类专业教育提出更为迫切的要求。社会需要计算机类专业的教学内容的更新周期越来越短,相应地,我国计算机类专业教育也在将改革的目标与重点聚焦于如何培养能够适应社会经济发展需要的高素质工程应用型人才。

作为应用型地方本科高校,南京晓庄学院计算机类专业在多年实践中,逐步形成了陶行知"教学做合一"思想与国际工程教育理念相融合的独具晓庄特色的工程教育新理念。学生在社会生产实践的"做"中产生专业学习需求和形成专业认同,在"做"中增强实践能力和创新能力,在"做"中生成和创造新知识,在"做"中涵养基本人格和公民意识;同时要求学生遵循工程教育理念,标准的"做",系统的"做",科学的"做",创造的"做"。

实训实践环节是应用型本科院校人才培养的重要手段之一,是应用型人才培养目标得以实现的重要保证。当前市场上一些实训实践教材导向性不明显,可操作性不强,系统性不够,与社会生产实际联系不紧。总体上来说没有形成系列,同一专业的不同实训实践教材重复较多,且教材之间的衔接不够。

《教育部关于"十二五"普通高等教育本科教材建设的若干意见(教高[2011]05号)》要求重视和发挥行业协会和知名企业在教材建设中的作用,鼓励行业协会和企业利用其具有的行业资源和人才优势,开发贴近经济社会实际的教材和高质量的实践教材。南京晓庄学院计算机类专业积极开展校企联合实训实践教材建设工作,与国内多家知名企业共同规划建设"应用型本科院校计算机类专业校企合作实训系列教材"。

本系列教材是基于计算机学科和计算机类专业课程体系建设基本成熟的基础上,参考《中国计算机科学与技术学科教程2002》(China Computing Curricula 2002,

简称 CCC2002)并借鉴 ACM 和 IEEE CC2005 课程体系,经过认真的市场调研,我校优秀教学科研骨干和行业企业专家通力合作而完成的,力求充分体现科学性、先进性、工程性。

本系列教材在规划建设过程中体现了如下一些基本组织原则和特点。

1. 贯彻了"大课程观、大教学观"和"大工程观"的教学理念。教材内容的组织和案例的甄选充分考虑复杂工程背景和宏大工程视野下的工程项目组织、实施和管理,注重强化了具有团队协作意识、创新精神等优秀人格素养的卓越工程师培养。

2. 体现了计算机学科发展趋势和技术进步。教材内容适应社会对现代计算机工程人才培养的需求,反映了基本理论和原理的综合应用,反映了教学体系的调整和教学内容的及时更新,注重将有关技术进步的新成果、新应用纳入教材内容,妥善处理了传统知识的继承与现代工程方法的引进。

3. 反映了计算机类专业改革和人才培养需要。教材规划以 2012 年教育部公布的新专业目录为依据,正确把握了计算机类专业教学内容和课程体系的改革方向。在教材内容和编写体系方面注重了学思结合、知行合一和因材施教,强化了以适应社会需要为目标的教学内容改革,由知识本位转向能力本位,体现了知识、能力、素质协调发展的要求。

4. 整合了行业企业的优质技术资源和项目资源。教材采用校企联合开发和建设的模式,充分利用行业专家、企业工程师和项目经理的项目组织、管理、实施经验的优势,将企业的实际实施的工程项目分解为若干可独立执行的案例,注重了问题探究、案例讨论、项目参与式教育教学方式方法的运用。

5. 突出了应用型本科院校基本特点。教材内容以适应社会需要为目标,突出"应用型"的基本特色,围绕培养目标,以工程应用为背景,通过理论与实践相结合,重视学生的工程应用能力的培养,增强学生的技能的应用。

相信通过这套"应用型本科院校计算机类专业校企合作实训系列教材"的规划出版,能够在形式上和内容上显著提高我国应用型本科院校计算机类专业实践教材的整体水平,继而提高计算机类专业人才培养质量,培养出符合经济社会发展需要和产业需求的高素质工程应用型人才。

李洪天

南京晓庄学院党委书记　教授

前　言

随着计算机软硬件技术的快速发展,计算机系统已广泛应用于国民经济的各个领域,数据库是其中的一个核心成分。近年来数据库技术的发展迅速,已成为国家信息基础设施的基础和信息化建设中的关键支撑技术,数据库原理与技术已成为计算机科学与技术教学中必不可少的部分。数据库原理是一门既强调理论性,又注重技术实践的课程,它要求将数据库技术的基础理论教学和实际应用能力培养紧密结合起来,本实验教程的编写目的就是让读者在学习数据库理论的同时,能够结合当前主流关系型数据库平台 SQL Server 2005,有效的应用相关原理知识进行技术实践,增强数据库设计应用能力和数据库系统的管理能力。

本实验教程共包括十三个实验项目,其中实验一至实验八为基础实验部分,内容包括 SQL Server 2005 常用服务与实用工具实验,数据库的创建、管理、备份及还原实验,数据表的创建与管理实验,单表简单查询与多表联接查询设计实验,嵌套子查询设计实验,分组统计查询与集合查询设计实验,视图与索引实验,SQL Server 2005 管理基础实验等;实验九至实验十三为 Transact - SQL 编程实验部分,内容包括 SQL脚本与批处理实验,T - SQL 编程基础实验,存储过程创建与应用实验,内置函数与用户定义函数实验,游标与事务基础实验等。

本实验教程主要特点:

(1) 各实验项目按实验目的、实验要求、扩展实验、过程指导和实验报告要求说明这一顺序编写,其中过程指部分导采用了"预备知识阐述"、"实践范例练习和探索","指定实验任务"的编排方法,不再只局限于对详细实验步骤上机验证过程的阐述,实验过程鼓励并引导读者完成探索式的学习,体现了一般企业环境中培训开发人员及技术应用的特点,即以一般知识原理培训和范例讲解的方式帮助开发人员快速掌握相关技术的本质及应用形式,增强开发人员通过范例快速自学并熟练掌握相关技术的能力。

(2) 教程中十三个实验按内容的关联性可分为 SQL Server 应用基础(实验一至实验三)、SQL 查询设计(实验四至实验六)、SQL Server 管理基础(实验七至实验八)、Transact - SQL 程序设计(实验九至实验十三)四个模块。模块的设置遵循数据定义、数据查询、数据维护及数据库编程这一数据库应用的逻辑顺序,并以一个教学管理(TM)数据库的设计、实现、维护及高级应用编程的完整过程贯穿全教程,同时各模块内容又具有一定的独立性,教学过程中可针对不同专业学生的特点及课程实验学时的安排对实验模块进行取舍,实现可定制的弹性教学安排,例如在课程实验课时相对较少时,可只安排 SQL Server 应用基础及 SQL 管理基础两个模块的实验课教学,其余模块可由学生课外自学完成。使用本教程进行实验教学时,建议为每个实验安排 4 个学时,其中前两个学时用于预备知识及相关范例的教学,后两个学时用于完成指定实验内容及实验报告。

(3) 本教程在各实验中安排了若干个扩展实验项目,这些实验项目的内容设置具有一定的开放性,侧重于读者思考能力的培养,要求学生根据自己的学习情况有选择的完成不同项目。该类实验鼓励学生进行团队协作,共同探索研究,在完成扩展实验的过程中培养学生的研究能力、沟通能力和团队意识。

(4) 本教程由南京晓庄学院数学与信息技术学院《数据库原理》课程组多名具有丰富教学经验的一线教师编写,并充分利用了数信学院在校企业合作过程中积累的应用型人才培养的宝贵经验,实验项目设计针对性强,注重理论与应用的结合,强调面向实际应用场景的技术能力培养。

本实验教程中实验四、五、六由杨蔚鸣编写,实验九、十、十一由张颖编写,其余部分由李朔编写。实验教程中所有实例及相关代码,均在 SQL Server 2005 开发者版本上验证通过;同时本教程配有实验用样例数据库和实验报告样例模板,如有需要可联系作者索取,电子邮件地址为:chn. nj. ls@gmail. com。

本实验教程的编写得到了作者所在数学与信息技术学院和南京大学出版社的大力支持,在此表示衷心感谢。

由于计算机技术发展十分迅速,且受限于作者的水平,书中难免有一些错误与不足,殷切希望读者在使用过程中给予批评指正。

编者

2013 年 4 月

目　录

实验一　SQL Server 2005 常用服务与实用工具实验

一、实验目的

（1）了解 Microsoft 关系数据库管理系统 SQL Server 的发展历史及其特性。

（2）了解 SQL Server 2005 的主要组件、常用服务和系统配置。

（3）掌握 Microsoft SQL Server Management Studio 图形环境的基本操作方法。了解使用"SQL Server 2005 联机丛书"获取帮助信息的方法；了解"查询编辑器"的使用方法；了解模板的使用方法。

二、实验要求

（1）收集整理 Microsoft 关系数据库管理系统 SQL Server 的相关资料，总结其发展历史及 SQL Server 2005 主要版本类别和主要功能特性。

（2）使用 SQL Server 配置管理器查看和管理 SQL Server 2005 服务。

（3）使用 Microsoft SQL Server Management Studio 连接数据库引擎；使用 SQL Server 帮助系统获取所感兴趣的相关产品主题/技术文档。

（4）使用 Microsoft SQL Server Management Studio"查询编辑器"编辑并执行 Transact-SQL 查询语句。

（5）查看 Microsoft SQL Server 2005 模板，了解模板的使用方法。

（6）按要求完成实验报告。

三、实验过程指导

（1）收集整理 Microsoft 关系数据库管理系统 SQL Server 的相关资料，总结其发展历史及 SQL Server 2005 主要版本类别和主要功能特性。

实验步骤：

① 查找并收集 Microsoft 关系型数据库管理系统 SQL Server 的相关资料。

② 整理所收集资料，总结 SQL Server 系统发展历史及 SQL Server 2005 主要版本类别与主要功能特性。

（2）使用 SQL Server 配置管理器查看和管理 SQL Server 2005 服务。

预备知识：

① SQL Server 2005 工具程序 SQL Server Configuration Manager（配置管理器）将以往 SQL Server 版本中所提供的"SQL Server Service Manager（服务管理器）"、"SQL

Server Network Utility(网络实用工具)"、"SQL Server Client Network Utility(客户端网络实用工具)"3 个工具程序集成为一个功能界面,在该界面中可以对 SQL Server 所提供的服务、服务器端网络协议、客户端协议等相关配置进行管理。

② "服务"是一种在操作系统后台运行的应用程序,服务并不在计算机桌面上显示用户界面。服务通常提供一些操作系统核心功能,SQL Server Database Engine(数据库引擎)、SQL Server Agent(代理)等多个 SQL Server 组件都作为服务运行,在 SQL Server 安装过程中可以指定这些服务是否在操作系统启动时自动启动。启动 SQL Server Database Engine 即启动了 SQL Server 服务,用户便可以登录到相应 SQL Server 实例中。SQL Server 服务若是默认实例(在安装 SQL Server 时指定使用默认实例名),则其服务名称为"SQL Server(MSSQLSERVER)";若是命名实例(在安装 SQL Server 时指定了实例名),则其服务名称为"MSSQL$<安装时所指定的实例名>"。

实验步骤:

① 在 Windows"开始"菜单中,依次选取"所有程序"→"Microsoft SQL Server 2005"→"配置工具",然后单击"SQL Server Configuration Manager"。

② 在打开的 SQL Server Configuration Manger 界面中列出了 SQL Server 所提供的服务(SQL Server 2005 服务)、服务器端网络协议(SQL Server 2005 网络配置)、客户端协议(SQL Native Client 配置)等配置项,如图 1-1 所示。

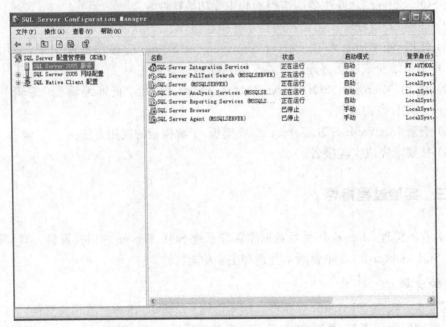

图 1-1　SQL Server Configuration Manager 界面

③ 点击"SQL Server 2005 服务",列出 SQL Server 2005 相关服务。右键点击某个服务,可弹出服务相关的快捷菜单,可选择"启动"、"停止"、"暂停"、"恢复"、"重新启动"服务等操作,也可以选取"属性",进入服务"属性"对话框对该服务的启动状态和账户等进行配置。SQL Server 默认实例(MSSQLSERVER)属性对话框如图 1-2 所示,可以在"服务"选项卡中设定服务的启动模式为"自动"、"已禁用"或"手动"。注意实验过程中应确保

SQL Server 服务处于"正在运行"状态。

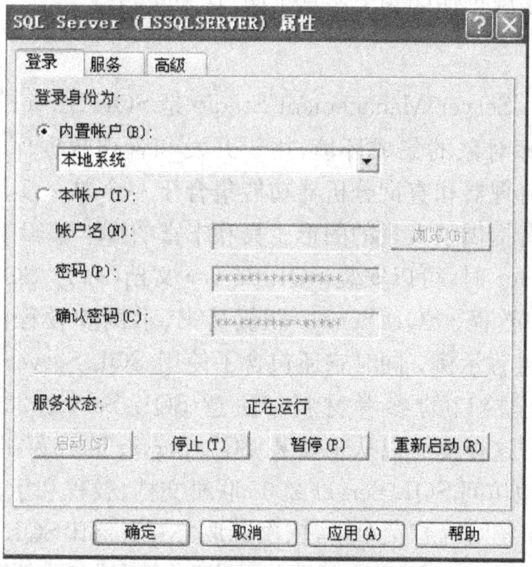

图 1-2　SQL Server 服务属性

　　SQL Server 配置管理是一个 Microsoft 管理控制台（MMC）管理单元，还可以通过 Windows 系统"服务"管理程序来对 SQL Server 2005 相关服务进行配置。方法是在 Windows"开始"菜单中单击打开"控制面板"，依次选取"管理工具"→"服务"（或直接在"开始"菜单中点击"运行"，在"运行"对话框中输入"services.msc"），在打开的"服务"窗口中可找到 9 种 SQL Server 2005 提供的服务，如图 1-3 所示。可右键点击服务名称，选择"属性"命令，打开属性对话框，查看或配置服务属性。

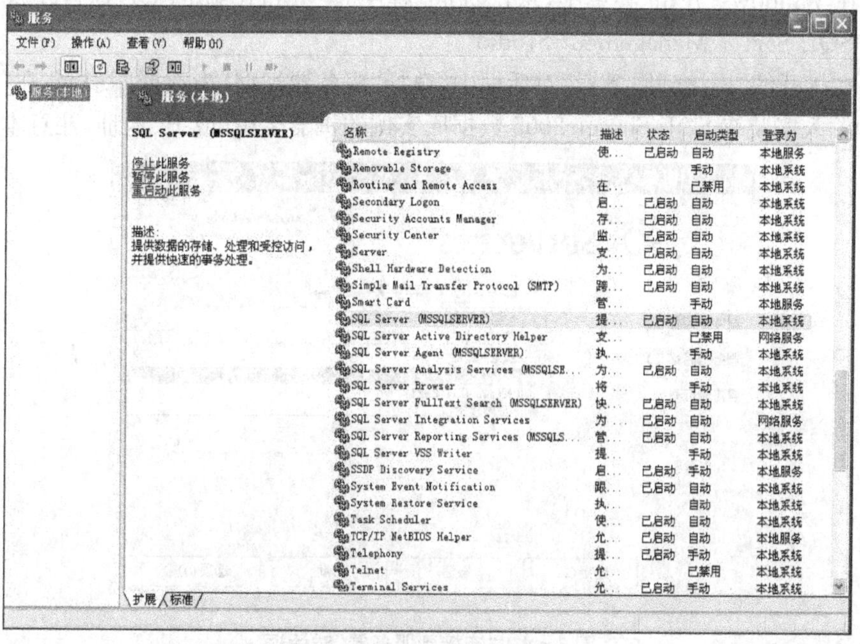

图 1-3　Windows"服务"管理窗口

(3) 使用 Microsoft SQL Server Management Studio 连接数据库引擎;使用 SQL Server 帮助系统获得所感兴趣的相关产品主题/技术文档。

预备知识:

① Microsoft SQL Server Management Studio 是 SQL Server 2005 所提供的一个管理服务器和创建数据库对象的集成环境,用于开发和管理数据库。它将以前版本 SQL Server 中包括的企业管理器和查询分析器功能集合于一个单一实用工具,并在其中为数据库管理人员和开发者提供了大量的图形工具和丰富的脚本编辑工具。

② 安装 SQL Server 时,可以安装 SQL Server 文档(称为"SQL Server 2005 联机丛书")、示例应用程序和教程。SQL Server 联机丛书、示例和教程涵盖了有效使用 SQL Server 所需的概念和过程示例,同时它还包含了使用 SQL Server 存储、检索、报告和修改数据的语言和编程接口的参考材料。注意 SQL Server 2005 联机丛书也可从 Microsoft 网站上获得,这样便可以从未安装 SQL Server 的计算机上访问文档。通过以下几种方式可以方便地访问 SQL Server 2005 联机文档、教程和示例:

- 在 Windows 系统"开始"菜单中,依次选取"Microsoft SQL Server 2005"→"文档和教程",然后选取"SQL Server 联机丛书"/"教程"/"示例"。
- 在 SQL Server 工具和实用工具中,通过按【F1】键获取与当前上下文相关的动态帮助内容。
- 使用 SQL Server Management Studio,在"帮助"菜单上,单击"如何实现"、"搜索"、"目录"、"索引"或"帮助收藏夹"。

实验步骤:

① 使用 Microsoft SQL Server Management Studio 连接数据库服务器。

a. 在 Windows"开始"菜单中,依次选取"程序"→"Microsoft SQL Server 2005",然后单击"SQL Server Management Studio"。

b. 在打开的"连接到服务器"对话框中,选择"服务器类型"为数据库引擎;在"服务器名称"中输入安装有 SQL Server 2005 数据库实例的机器名称(或 IP 地址,注意本实验教

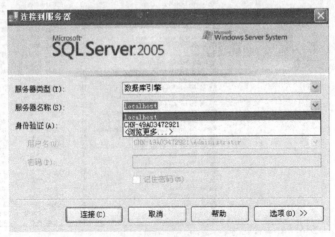

图 1-4 "连接到服务器"对话框

程中使用本地数据库服务实例,本机名称为 localhost),也可以打开"服务器名称"下拉列表,选择"<浏览更多...>"选项,如图 1-4 所示。身份验证可以选择使用"Windows 身份验证",使用当前登录 Windows 系统的用户身份连接数据库,也可以选择使用"SQL Server 身份验证",输入有效的 SQL Server 用户名和密码登录系统。

c. 完成各项设置后,单击"连接"按钮,若连接成功,则进入 Microsoft SQL Server Management Studio 窗口,如图 1-5 所示。

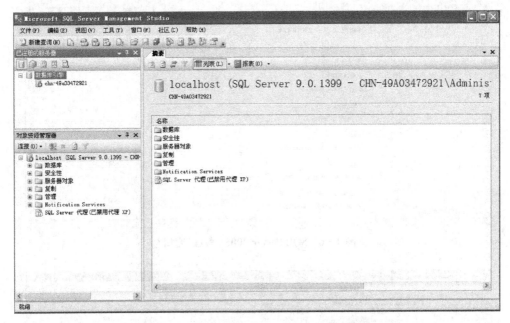

图 1-5 SQL Server Management Studio 窗口

② 合理使用 SQL Server 联机丛书、教程和示例,获取联机帮助。(注意:为完整使用本实验中所提及的"SQL Server 工具教程",需要首先更新"SQL Server 2005 联机丛书"至最新版,下载链接地址为:http://www.microsoft.com/zh-cn/download/details.aspx?id=4152)。

a. 在 Windows "开始"菜单中,依次选取"Microsoft SQL Server 2005"→"文档和教程"→"教程",单击"SQL Server 教程"。打开"教程"窗口,如图 1-6 所示。

b. 在如图 1-5 所示的窗口中,依次点击"SQL Server 工具"链接→"SQL Server Management Studio 教程"链接,进入 SQL Server Management Studio 教程部分,如图 1-7 所示。

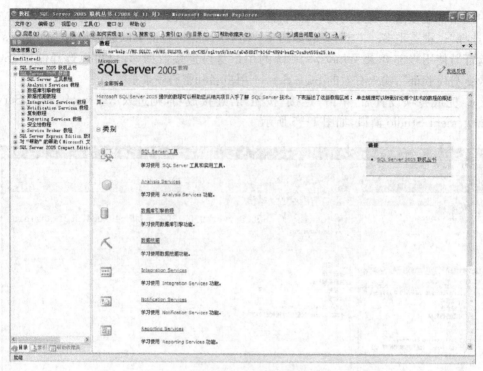

图 1-6　SQL Server 2005"教程"窗口

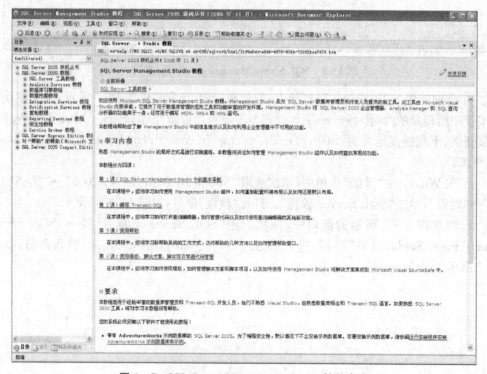

图 1-7　SQL Server Management Studio 教程内容

c. 快速学习"SQL Server Management Studio 教程"中"第 1 课：SQL Server

Management Studio 中的基本导航",本课程包含以下主题:

- 启动 SQL Server Management Studio
- 与已注册的服务器和对象资源管理器连接
- 更改环境布局
- 显示文档窗口
- 显示对象资源管理器详细信息页
- 选择键盘快捷方式方案
- 设置启动选项
- 还原默认的 SQL Server Management Studio 配置
- 总结

阅读教程并完成相应的操作练习,熟悉 Microsoft SQL Server Management Studio 界面菜单和基本操作。

(4) 使用 Microsoft SQL Server Management Studio "查询编辑器"编辑并执行 Transact - SQL 查询语句。

实验步骤:

快速学习"SQL Server Management Studio 教程"中"第 2 课:编写 Transact - SQL" 中下列主题:

- 连接查询编辑器
- 添加缩进
- 最大化查询编辑器
- 使用注释
- 查看代码窗口的其他方式

阅读教程中指定主题并完成相应的操作练习,了解 SQL Server Management Studio 中用于编写 Transact - SQL 的查询编辑器组件的基本使用方法。

(5) 查看 Microsoft SQL Server 2005 模板,了解模板的使用方法。

快速学习"SQL Server Management Studio 教程"中"第 4 课:使用模板、解决方案、 脚本项目和源代码管理"中下列主题:

- 使用模板创建脚本

阅读教程中指定主题并完成相应的操作练习,了解"模板"的使用方法。

四、实验报告要求

(1) 简要总结 SQL Server 系统发展历史及 SQL Server 2005 主要版本类别与主要功能特性。

(2) 总结 SQL Server Management Studio 的主要操作方法。

(3) 总结查询编辑器的功能和主要操作方法,并举例说明。

(4) 总结"模板"的使用方法,并举例说明。

(5) 实验思考:查询相关资料,简要描述 SQL Server 2005 的主要服务。

实验二　数据库的创建、管理、备份及还原实验

一、实验目的

（1）掌握分别使用 SQL Server Management Studio 图形界面和 Transact－SQL 语句创建和修改数据库的基本方法。

（2）学习使用 SQL Server 查询分析窗口接收 Transact－SQL 语句和进行结果分析。

（3）了解 SQL Server 的数据库备份和恢复机制，掌握 SQL Server 中数据库备份与还原的方法。

二、实验要求

（1）使用 SQL Server Management Studio 创建"教学管理"数据库。

（2）使用 SQL Server Management Studio 修改和删除"教学管理"数据库。

（3）使用 Transact－SQL 语句创建"教学管理"数据库。

（4）使用 Transact－SQL 语句修改和删除"教学管理"数据库。

（5）使用 SQL Server Management Studio 创建"备份设备"；使用 SQL Server Management Studio 对数据库"教学管理"进行备份和还原。

（6）SQL Server 2005 数据库文件的分离与附加。

（7）按要求完成实验报告。

三、实验过程指导

（1）使用 SQL Server Management Studio 创建"教学管理"数据库。

预备知识：

① SQL Server 中，数据库用于存储数据。从物理层次上看，一个数据库是由操作系统管理的磁盘上的若干文件组成；从逻辑层次上看，一个数据库由若干个数据库对象组成，如表、视图、存储过程、函数、数据库触发器等。物理层次的数据库对用户是透明的，由管理员直接管理，而用户可通过 SQL Server Management Studio 查看和管理逻辑数据库中的各种对象。

② SQL Server 2005 的系统数据库：

● master 数据库：这是各版本 SQL Server 中最重要的数据库，该数据库拥有一系列系统表用于记录并跟踪整个系统的信息，如 SQL Server 的初始化信息，所有的登录账户信息，系统配置信息，所有系统定义的存储过程等。master 数据库对系统极其重要，不能删除，并禁止用户直接访问该数据库。

● model 数据库：这是一个 SQL Server 模板数据库，所有用户数据库和 tempdb 数据库都是以它为模板建立的，所以可以通过修改该数据库来更改新建数据库的基

础样式。例如在 model 数据库中增加表或用户,则这些表或用户将被复制到系统中新创建的所有数据库中。该数据库必须一直存在于 SQL Server 系统中。

- tempdb 数据库:这是 SQL Server 的关键工作区之一,用于保存所有临时表和查询的临时中间结果。不同于其他数据库,tempdb 数据库本身也是临时的,SQL Server 每次启动时都彻底重建该数据库。
- msdb 数据库:这是代理服务器数据库,即 SQL Server 代理。它为任务调度、警报和记录操作提供存储空间。

③ SQL Server 2005 的用户数据库:

- 每个 SQL Server 2005 数据库(无论系统数据库还是用户数据库)在物理上至少有两个操作系统文件:一个数据文件和一个日志文件。数据文件包含数据和各数据库对象,如表、视图、索引和存储过程等;日志文件包含恢复数据库中各事务所需的日志信息。
- AdventureWorks 和 AdventureWorksDW 数据库是两个示例数据库,前者是用于示范联机交易处理(OLTP)系统的数据库实例,后者是用于示范数据仓库(Data Warehouse)系统的数据库实例,它们可以作为学习 SQL Server 的工具。

实验步骤:

① 使用 SQL Server Management Studio 创建数据库的步骤如下:

a. 在磁盘上新建一个目录,如在 C:盘中新建"MyDB"目录。

b. 在 Windows 系统"开始"菜单中,依次选取"程序→Microsoft SQL Server 2005→SQL Management Studio",打开 SQL Server Management Studio 并连接到 SQL Server 2005 服务。

c. 在"对象资源管理器"中单击 SQL Server 服务器前面的"+"号或直接双击数据库名称,展开该服务器对象资源树形结构,然后右键点击"数据库"文件夹,在弹出的快捷菜单上选择"新建数据库"选项,如图 2-1 所示。

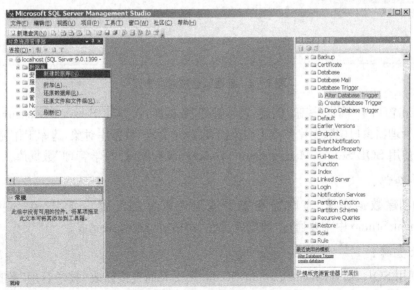

图 2-1 "新建数据库"选项

　　d. 在打开的"新建数据库"对话窗口中输入数据库名称"教学管理";在该窗口中的"数据库文件"设置部分可以修改数据文件和日志文件的文件名、初始大小、保存路径等,注意数据文件与日志文件的默认初始大小与 model 数据库指定的默认大小相同,可以点击各部分的编辑框进行编辑,如可将数据文件初始大小设定为 5 MB,允许自动增长,每次增长 1 MB,文件最大大小为 100 MB,路径设为前述步骤所创建的路径,如"C:\MyDB"。对日志文件可做类似调整。建库设置可参照图 2-2。

　　应特别注意,由于数据文件与日志文件支持自动增长模式,所以初始大小一般不用设置很大,同时数据库文件是物理存放于文件系统的某个逻辑磁盘上的,所以设置时就需充分考虑逻辑磁盘本身可用容量,否则将导致创建数据库失败。

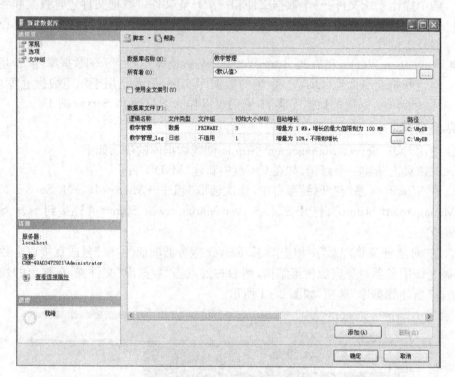

图 2-2　新建数据库对话窗口

　　e. 单击窗口中"确定"按钮,创建"教学管理"数据库,在 SQL Server Management Studio 对象资源管理器窗口中数据库节点下将会出现"教学管理"数据库对象,建库工作完成。

　　(2) 使用 SQL Server Management Studio 修改和删除"教学管理"数据库。

预备知识:

　　成功创建数据库后,有时需要查看或更改据库的配置设置,这在 SQL Server Management Studio 中主要通过"数据库属性"对话窗口操作来完成。

实验步骤:

　　① 使用 SQL Server Management Studio 图形界面直接修改"教学管理"数据库名为"TM"。

　　a. 打开 SQL Server Management Studio 并连接数据库。

b. 展开"数据库"文件夹,右键单击"教学管理"数据库,在弹出的快捷菜单中选择"重命名"项。如图 2-3 所示:

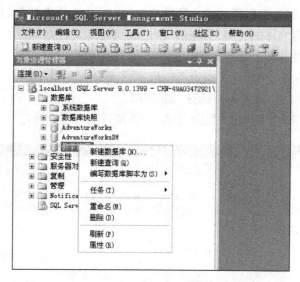

图 2-3　数据库快捷菜单

c. "教学管理"数据库名称进入可编辑状态,将数据库名称修改为"TM",回车确认,完成修改。

② 使用 SQL Server Management Studio 图形界面查看和修改数据库属性。

a. 在如图 2-3 的快捷菜单中选择"属性"项,进入"数据库属性-TM"对话窗口,如图 2-4 所示:

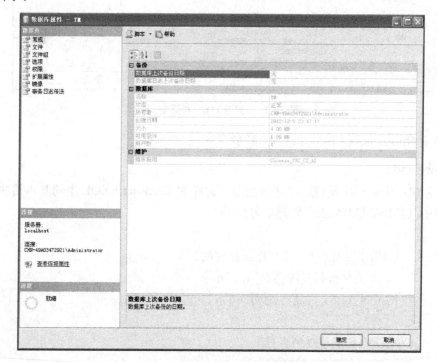

图 2-4　数据库属性对话窗口

b. 在数据库属性对话窗口左侧上部列出了常规、文件、文件组、权限等多个选项,点选后可查看或编辑相应数据库属性,例如点选"文件"项,就可以在窗口右侧对数据库文件相关的属性进行编辑,也可以增加或删除数据文件,注意有些属性是只供用户查看的,规定不可以修改数据库文件的类型、所在的文件组、路径及文件名等。可试着为"TM"数据库增加一个数据文件和一个日志文件。

③ 使用 SQL Server Management Studio 图形界面删除数据库。

a. 在如图 2-3 的快捷菜单中选择"删除"项。

b. 在弹出如图 2-5 所示的"删除对象"对话窗口中,选择"确定"按钮确认删除。

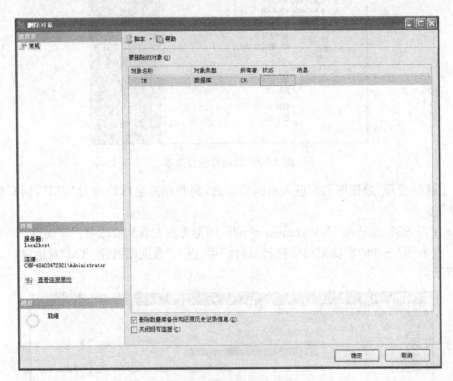

图 2-5   "删除对象"对话窗口

(3) 使用 Transact-SQL 语句创建"教学管理"数据库。

预备知识:

① 创建一个数据库及指定存储该数据库文件的 Transact-SQL 语句基本语法如下:

CREATE DATABASE   *数据库名称*

    [ON

        [PRIMARY][<*文件属性说明*> [,...n]

        [,<*文件组属性说明*>[,...n]]

    [LOG ON { <*文件属性说明*> [,...n] }]

    ]

    [COLLATE *排序规则名称*]

    [WITH <*外部访问选项*>]

    ]
    ［;］

其中:

- "数据库名称"用于说明所创建数据库的名称;
- "ON"部分用来指定数据库数据文件对应的磁盘文件;
- "PRIMARY"用于指定关联的＜文件属性说明＞列表定义为主文件。在主文件组的＜文件属性说明＞项中指定的第一个文件将成为主文件。若没有指定"PRIMARY",则本语句中列出的第一个文件将成为主文件;
- ＜文件属性说明＞::=

    {
    (

      NAME = *逻辑文件名*,
      FILENAME = ｛*操作系统中的物理文件名*｝
      ［, SIZE = *文件初始占用空间*［KB｜MB｜GB｜TB］］
      ［, MAXSIZE = ｛*文件最大占用空间*［KB｜MB｜GB｜TB］｜
   UNLIMITED｝］
      ［, FILEGROWTH = *文件占用空间自动增量*［KB｜MB｜GB｜TB｜％］］
)［,...n］

    }

  其中指定的逻辑文件名用于在 SQL Server 中引用文件,使用中可以更改,而指定的操作系统中的物理文件名不可再更改;FILEGROWTH 用于指定文件的自动增量,即每次数据需要新存储空间时为文件一次添加的空间大小,可以是百分比,也可以是具体的值。如果未指定 FILEGROWTH,则数据文件的默认值为 1 MB,日志文件的默认增长比例为 10％。

- ＜文件组属性说明＞::=

    {

      FILEGROUP *文件组逻辑名称*［CONTAINS FILESTREAM］［
  DEFAULT］
      ＜文件组属性说明＞［...n］

    }

  其中,［CONTAINS FILESTREAM］项用于指定文件组在文件系统中存储FILESTREAM 二进制大型对象（BLOB）;［DEFAULT］项用于指定命名文件组为数据库中的默认文件组。

- ＜外部访问选项＞::=

    {

      ［DB_CHAINING｛ON｜OFF｝］
      ［, TRUSTWORTHY｛ON｜OFF｝］

    }

  其中,当 DB_CHAINING 项指定为 ON 时,数据库可以成为跨数据库所有权链接的源或目标；当为 OFF 时，数据库不能参与跨数据库所有权链接，默认值为 OFF。当 TRUSTWORTHY 项指定为 ON 时，使用模拟上下文的数据库模块（例如，视图、用户定义函数或存储过程）可以访问数据库以外的资源；当为 OFF 时，模拟上下文中的数据库模块不能访问数据库以外的资源，默认值为 OFF。

② 应特别注意，SQL 语句并不区分大小写，但一般书写 SQL 语句时，为方便自己查看，按某种易于阅读和理解的规则来书写是一种良好的习惯，例如，将所有语句关键字表示为大写，各种数据库对象采用驼峰法拼写表示，根据语句逻辑进行合理缩进、换行等。

③ 逗号"，"是 SQL 常用项间分隔符，最后一项后没有逗号。

实验步骤：

① 假设需要在"C：\MyDB"目录中存放数据库文件，先确保已在 C：盘中建立了一个空目录 MyDB。

② 按前述实验步骤打开 SQL Management Studio 并连接 SQL Server 2005 数据库实例，单击常用工具栏的按钮"新建查询"，创建一个查询分析窗口，如图 2－6 所示：

(a) "新建查询"按钮　　　　　　　　　　　(b) 查询分析窗口

图 2－6　新建查询

应注意，在该窗口中可编辑并执行各种类型 T－SQL 语句，并不仅限于执行数据查询命令。

③ 依据在前述实验步骤中创建"教学管理"数据库时所选用的参数，在查询分析窗口中编写相应 T－SQL 语句，再次创建"教学管理"数据库。示例语句如下：

```
CREATE DATABASE 教学管理
ON PRIMARY
(
    Name=JXGL,
    FileName='C：\MyDB\JXGL_Data. mdf',
    Size=3MB,
    MaxSize=100MB,
```

```
    filegrowth=1MB
)
LOG ON
(
    Name=JXGL_Log,
    FileName='C:\MyDB\JXGL_Log.ldf',
    Size=1MB,
    MaxSize=UNLIMITED,
    FileGrowth=10%
);
```

应特别注意,在输入 SQL 语句后,可点击查询编辑器上方工具栏里分析按钮(图2-7中方框中按钮),检查所输入 SQL 语句有无语法错,再次确认语句内容正确后,按【F5】键或单击"执行"按钮,执行该 SQL 语句,创建指定数据库文件位置的数据库。

图 2-7 查询分析按钮

④ 在对象资源管理器中,右键点击数据库,在弹出的快捷菜单中选取"刷新"项,如图2-8所示:

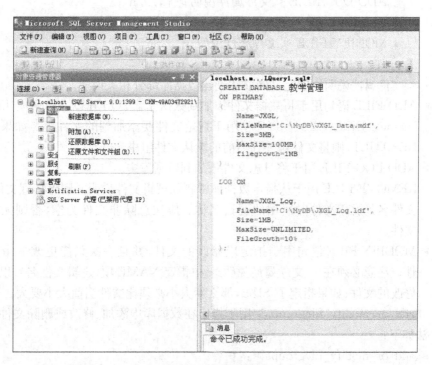

图 2-8 刷新数据库

刷新后,查看一下刚创建的"教学管理"数据库属性。

(4) 使用 Transact - SQL 语句修改和删除"教学管理"数据库。

预备知识:

① 修改一个数据库或与该数据库关联的文件和文件组的 Transact - SQL 语句基本语法如下:

ALTER DATABASE *数据库名称*

{

　　　　<add_or_modify_files>

　　　　| <add_or_modify_filegroups>

　　　　| <set_database_options>

　　　　| MODIFY NAME ＝新数据库名

　　　　| COLLATE 排序规则名称

}

[;]

其中:

● <add_or_modify_files>用于指定要添加、删除或修改的文件。语法如下:

　　<add_or_modify_files>::= {

　　　　ADD FILE <*文件属性说明*> [,...n]

　　　　[TO FILEGROUP {filegroup_name | DEFAULT }]

　　　　| ADD LOG FILE <*文件属性说明*> [,...n]

　　　　| REMOVE FILE 逻辑文件名

　　　　| MODIFY FILE <*文件属性说明*>

　　　　}

　　➤ <文件属性说明>的定义同前述创建数据库部分相关说明。

　　➤ ADD FILE 语句用于将数据文件添加到数据库,[TO FILEGROUP { filegroup _name | DEFAULT }]可选项用于指定文件要添加到的文件组。如果指定了 DEFAULT,则将文件添加到当前的默认文件组中。

　　➤ ADD LOG FILE 用于将日志文件添加到数据库中。

　　➤ REMOVE FILE 用于从指定数据库中删除逻辑文件说明并删除物理文件,逻辑文件名是引用文件时所用的逻辑名称。应注意除非文件为空,否则无法删除文件。

　　➤ MODIFY FILE 语句用于指定应修改的文件,并且一次只能更改一个文件属性。注意必须在 <文件属性说明> 中指定 NAME 项(逻辑文件名),以标识要修改的文件;如果指定了 SIZE,那么新大小必须比文件当前大小要大。

● <add_or_modify_filegroups>用于指定在数据库中添加、修改或删除文件组。语法如下:

　　<add_or_modify_filegroups>::={

　　　　ADD FILEGROUP 文件组名

　　　　| REMOVE FILEGROUP <*文件组名*>

｜MODIFY FILEGROUP 文件组名,｛＜文件组读写属性选项＞,｜
DEFAULT,｜
　　NAME ＝ 新文件组名,｝
　　｝

➤ ADD FILEGROUP 语句用于将文件组添加到数据库。

➤ REMOVE FILEGROUP 语句用于从数据库中删除文件组。注意除非文件组
为空,否则无法将其删除,可以首先通过将所有文件移至另一个文件组来删除
文件组中的文件,然后再移除该文件组。

➤ MODIFY FILEGROUP 语句用于通过将数据库状态设置为 READ_ONLY 或
READ_WRITE、将文件组设置为数据库的默认文件组或者更改文件组名称来
修改文件组。

● ＜set_database_options＞语句用于设置指定数据库的状态、控制用户对数据库的
访问、是否允许更新数据库、是否允许外部资源(如另一个数据库中的对象)访问
数据库、控制游标行为等众多数据库选项,此部分详细内容可课外查阅"SQL
Server 2005 联机丛书"。

● MODIFY NAME 语句用于更改数据库名称为指定的新数据库名。

● COLLATE 语句用于指定数据库默认排序规则。"排序规则名称"可以是指定的
"Windows 排序规则名称"或"SQL 排序规则名称",详细的排序规则所对应的名
称可以课外查阅"SQL Server 2005 联机丛书"。

● 删除数据库应使用 DROP DATABASE 语句。

实验步骤：

① 按前述实验步骤打开 SQL Management Studio 并连接 SQL Server 2005 数据库
实例,打开一个查询分析窗口。

② 使用 ALTER DATABASE 语句修改"教学管理"数据库。

a. 编写 T‐SQL 语句,为前述实验步骤中建立的"教学管理"数据库增加数据文件。
例如,为数据库增加一个与数据文件 C:\MyDB\JXGL_Data. mdf 不同存储路径下(该路
径中目录必须已存在,否则需手动创建)的数据文件,如:D:\JXGL_EXT\jxgl_ex1. mdf,
示例代码如下:

```
ALTER DATABASE 教学管理
ADD FILE (
　Name='jxgl_ext1', ——逻辑名称
　FileName='D:\JXGL_EXT\jxgl_ex1.mdf', ——指定新增数据文件路径和名称
　Size=4 ——指定新增数据文件初始大小为 MB
)
```

注意为数据库增加数据文件的参数与创建数据文件相似,并且添加数据文件时,必须
指定 Name(即数据文件的逻辑名称)。

b. 编写 T‐SQL 语句,为"教学管理"数据库增加一个日志文件。增加日志文件使用
add log file 语句,文件属性设置类似于在数据库中增加数据文件。

c. 编写 T-SQL 语句,修改前两步实验在数据库中添加的数据文件与日志文件属性,例如修改数据文件和日志文件的初始大小、增长率、文件大小限制等。

d. 编写 T-SQL 语句,删除"教学管理"数据库中的数据文件或日志文件,注意不能删除非空文件。如删除刚添加到数据库中的数据文件"jxgl_ext1",示例代码如下:

```
ALTER DATABASE 教学管理
REMOVEFILE jxgl_ex1 --删除数据库文件时应指定其逻辑名称
```

e. 编写 T-SQL 语句,更改数据"教学管理"数据库名称。

f. 编写 T-SQL 语句,删除本实验各步骤中使用的"教学管理"数据库。

(5) 使用 SQL Server Management Studio 创建"备份设备";使用 SQL Server Management Studio 对数据库"TM"进行备份和还原。

预备知识:

① SQL Server 2005 中"备份设备"是指备份或还原操作中使用的磁带机或磁盘驱动器。磁盘备份设备其实与常规操作系统文件一样,即是硬盘或其他磁盘存储媒体上的文件。创建数据库备份时,必须选择要将数据写入的已创建好的备份设备。注意将数据库备份到与数据库同在一个物理磁盘上的文件中时,存在一定的风险。若包含数据库的物理磁盘发生故障,此时备份位于发生故障的同一磁盘上,将导致无法恢复数据库。

② SQL Server 数据库引擎使用物理设备名称或逻辑设备名称标识备份设备。物理备份设备是操作系统中标识备份设备的名称,如 D:\DB_BK\TM\TM. bak。逻辑设备名称是用户定义的别名,用来标识物理备份设备并永久性地存储在 SQL Server 内的系统表中。使用逻辑设备名称的优点是引用它比引用物理设备名称更简单。如物理设备名称是"D:\DB_BK\TM\TM. bak",而逻辑设备名称可以是简单且易于记忆的"TM_BK"。

③ 数据库备份包括完整备份和完整差异备份。数据库的完整备份包含数据库中的所有数据,包括事务日志部分,并且可以用作完整差异备份所基于的"基准备份"。完整差异备份仅记录自前一次完整备份后发生更改的数据扩展盘区数。因此,与完整备份相比,完整差异备份较小且速度较快,便于进行较频繁的备份,同时降低丢失数据的风险。

实验步骤:

① 创建"备份设备"。

a. 在 SQL Server Management Studio 的"对象资源管理器"中,单击数据库服务器名称展开服务器对象的树形结构。点击"服务器对象",如图 2-9 所示。

图 2-9　服务器对象结点

　　b. 右键单击"备份设备",在弹出的快捷菜单中依次选取"新建备份设备",将打开"备份设备"对话框,如图 2-10 所示。

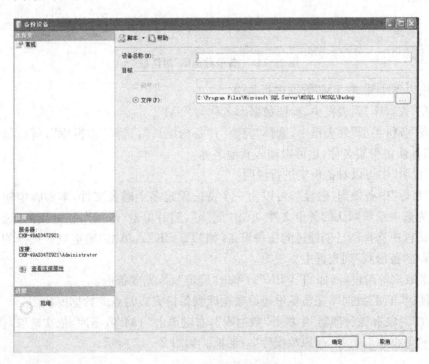

图 2-10　"备份设备"对话框

c. 在对话框中输入设备名称(逻辑设备名称),若要指定物理设备名称,请单击"文件"并指定该文件的完整路径。如可设置"设备名称"为"TM_BK","文件"为"D:\DB_BK\TM\TM. bak",注意路径中应是已创建了的目录。

② 对数据库"TM"进行备份。

a. 在"对象资源管理器"中展开"数据库",右键单击"TM"数据库,依次选取"任务"→"备份",将出现"备份数据库"对话框,如图 2-11 所示。

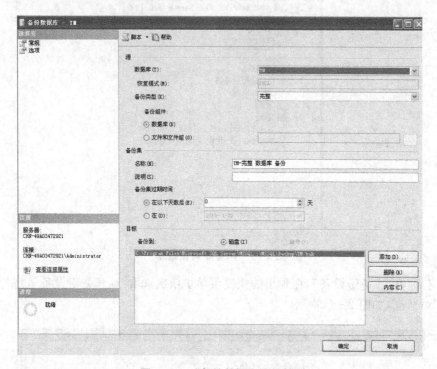

图 2-11　"备份数据库"对话框

b. 按以下步骤对"TM"数据进行备份。

● 在"数据库"列表框中,验证数据库名称为"TM"。

● 在"备份类型"列表框中,选择"完整";"备份组件",选择"数据库";备份集"名称"可以保留默认备份集名称,也可以输入其他名称。

● "说明"中可以对备份集进行说明。

● "目标"中备份到"磁盘",可以为一个备份设定多个磁盘文件,本实验中使用单个文件,首先选中系统默认的备份文件,单击"删除",然后单击"添加",在弹出的"选择备份目标"对话框中选择刚已创建过的备份设备(如"TB_BK"),单击"确定"后,选择的备份设备将出现在"备份到"列表框中。

● 选取该备份设备(如"TB_BK"),单击"确定"后,完成备份。

③ 使用"TM"数据库完整备份还原数据库到备份完成时点的数据库状态。

a. 在"对象资源管理器"中展开"数据库",右键单击"TM"数据库,依次选取"任务"→"还原"→"数据库",打开"还原数据库"对话框。如图 2-12 所示。

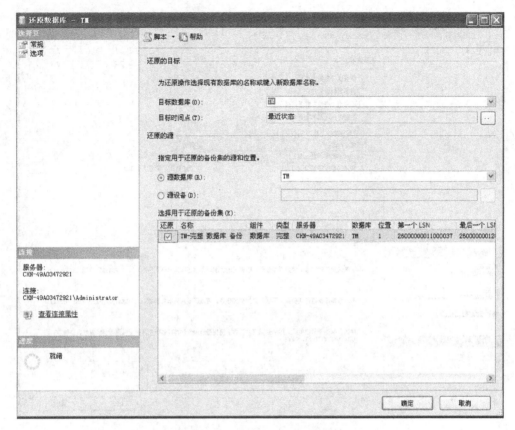

图 2 - 12　"还原数据库"对话框

b. 按以下步骤还原数据库。

● 在"还原数据库"对话框的"常规"页上,还原数据库的名称将显示在"目标数据库"列表框中,注意如果要通过备份来创建新数据库,只需在列表框中输入新数据库名即可。

● "目标时间点"文本框中可以保留默认值("最近状态"),可以单击浏览按钮打开"时点还原"对话框,以选择具体的日期和时间点。

● 在"源数据库"对应的下拉列表中,选择要还原的数据库名称;或者选中"源设备",单击浏览按钮 ⟨⟩ ,打开"指定备份"对话框。在"备份媒体"列表框中,从列出的设备类型选择"文件"或"备份设备",然后点击"添加",选择一个或多个文件(或备份设备),完成指定备份后单击"确定"按钮,回到"还原数据库"对话框。

● 在"选择用于还原的备份集"中显示了可用于还原的备份集的相关信息。

● 在"还原数据库"窗口中选择"选项"页,在"还原选项"选项区域中选择"覆盖现有数据库"复选框,如图 2 - 13 所示,单击"确定"按钮。还原操作完成后,打开"TM"数据库,可以看到 TM 数据库已进行了还原。

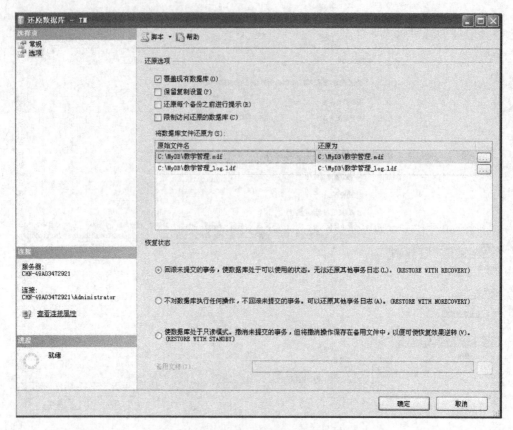

图 2 - 13　还原数据库对话框"选项"页

(6) SQL Server 2005 数据库脱机、分离与附加。

预备知识:

① 可通过显式的用户操作使数据库脱机,数据库将处于离线状态并无法使用。数据库处于离线状态后,可以拷贝或移动数据库的数据和日志文件,在完成拷贝或移动操作后,可使数据库恢复到联机状态。

② 分离数据库是将数据库从 SQL Server 数据库引擎实例中删除,但保留完整的数据库及其数据文件和事务日志文件。可以通过分离数据库的数据和事务日志文件,然后将它们重新附加回相同的数据库引擎实例或者附加到同其他 SQL Server 引擎实例中。

③ SQL Server 可以附加已拷贝的或分离的数据库,通常,附加数据库的状态与拷贝或分离数据库时的状态完全相同。附加数据库时,所有数据库文件都必须可用。

实验步骤:

① 操作"TM"数据库进入脱机状态并恢复。

a. 在 SQL Management Studio"对象资源管理器"中展开"数据库",右键单击"TM"数据库,依次选取"任务"→"脱机",若成功会出现显示使数据库脱机成功消息的窗口。

b. 查看"对象资源管理器"中"TM"数据库图标状态变为"(脱机)" TM（脱机）。

c. 拷贝"TM"数据库的物理文件至合适位置。例如将"C:\MyDB\"目录下的"教学管理.mdf"和"教学管理_log.ldf"拷贝至"D:\DB_BK\TM\"目录下。

d. 在 SQL Management Studio"对象资源管理器"中展开"数据库",右键单击"TM"数据库,依次选取"任务"→"联机",若成功会出现显示使数据库联机成功消息的窗口。

② 分离"TM"数据库。

a. 在 SQL Server Management Studio "对象资源管理器"中展开"数据库",右键单击"TM"数据库,依次选取"任务"→"离线",弹出"分离数据库"对话框。如图 2 - 14 所示。

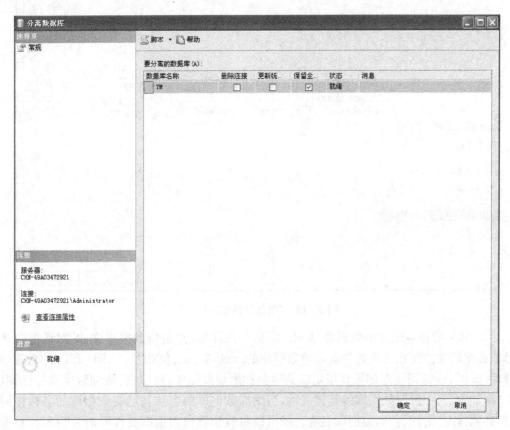

图 2 - 14　"分离数据库"对话框

b. 默认情况下,分离操作将在分离数据库时保留过期的优化统计信息;若要更新现有的优化统计信息,可选中"更新统计信息"复选框。

c. 分离数据库准备就绪后,单击"确定"。应注意新分离的数据库可能仍会显示在对象资源管理器的"数据库"节点中,直到刷新该视图。SQL Server 2005 中成功分离数据库后,可拷贝或移动数据库文件。

③ 附加数据库。

a. 在 SQL Server Management Studio "对象资源管理器"中,右键单击"数据库",在弹出的快捷菜单中依次选取"任务"→"附加",弹出"附加数据库"对话框,如图 2 - 15 所示。

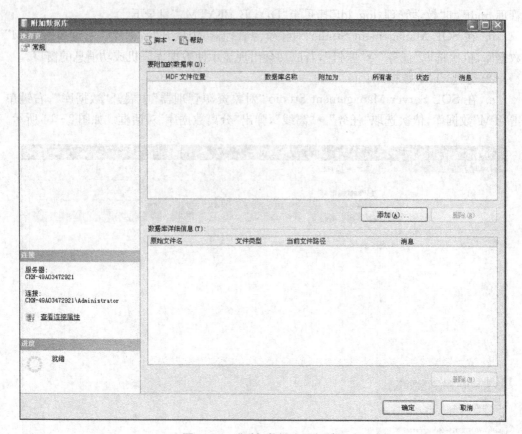

图 2-15 "附加数据库"对话框

b. 如果要指定附加的数据库,单击"添加",在弹出的"定位数据库文件"对话框中选择该数据库文件所在的位置并选定该数据库的.mdf 文件。例如"D：\DB_BK\TM\教学管理.mdf";应特别注意如果要指定以其他名称附加数据库,可以在"附加数据库"对话框中"附加为"列中设置数据库的其他名称,当附加数据库的名称与已有数据库的名称相同时,必须指定"附加为"的数据库名称。如可以将教学管理数据库文件附加为"TM2"数据库,如图 2-16 所示。

图 2-16 "附加为"属性列设置示例

c. 完成附加数据库的各项设置后,单击"确定"。

d. 附加数据库操作成功后,在"对象资源管理器"中展开"数据库"部分,查看刚附加的数据库。

四、实验报告要求

（1）总结使用 SQL Server Management Studio 创建、修改和删除"TM"（教学管理）数据库的过程。

（2）总结在实验中为创建、修改和删除"教学管理"数据库所编写的各条 T－SQL 语句及其完成了什么功能。

（3）总结使用 SQL Server Management Studio 备份与还原数据库的几种方法。

（4）实验思考题：

① SQL Server 2005 物理数据库包含了哪几种类型的文件以及它们的作用？

② 数据库备份与转储包含那些技术原理？

③ 如果数据或日志文件非空不能删除，查找 SQL Server 中缩小文件大小的方法。

④ 思考后续实验过程中，你计划采用哪种方法备份自己的数据库实验操作结果？并说明为什么采用该方法。

实验三　数据表的创建与管理实验

一、实验目的

（1）理解 SQL Server 2005 常用数据类型和表结构的设计方法。理解主键、外键含义，掌握建立各表相关属性间参照关系的方法。

（2）熟练掌握使用 SQL Server Management Studio 图形工具创建表，删除表，修改表结构，插入及更新数据的方法。

（3）熟练掌握使用 Transact - SQL 语句创建表，删除表，修改表结构，插入及更新数据的方法。

二、实验要求

基本实验：

（1）在实验二所创建的"TM"数据库中合理设计以下各表逻辑结构：

学生信息（学号，姓名，性别，籍贯，出生日期，民族，学院/系别号，班级号）

课程信息（课程号，课程名称，课程所属模块，课程类别，学分，学时）

学习信息（学号，课程号，考试成绩，平时成绩）

院系信息（院系号，院系名称）

要求确定各个字段的名称、类型、是否有默认值，是否主键等信息。

（2）依据你所设计的表结构，使用 SQL Server Management Studio 图形工具在"TM"数据库中创建学生信息表和课程信息表，并试验在图形界面中修改表结构，删除数据表，输入并更新数据的方法。

（3）依据你所设计的表结构，使用 Transact - SQL 语句创建学习信息表和院系信息表，并试验使用 Transact - SQL 语句修改表结构，删除数据表，插入和更新数据的方法。

（4）找出已创建各表相关属性之间的参照关系，并在相关表中增加引用完整性约束。

（5）按要求完成实验报告。

扩展实验：

（1）在"TM"数据库中补充设计以下各表结构：

教师信息（教师号，姓名，性别，出生日期，学历，学位，入职时间，职称，院系号）

授课信息（教师号，课程号，班级号，学期）

班级信息（班级号，班级名称，专业号）

专业信息（专业号，专业名称，学制，学位）

图书信息（图书号，书名，作者，出版社，出版日期，册数，价格，分类）

借书信息(学号,图书号,借出时间,归还时间)

奖励信息(学号,奖励类型,奖励金额)

(2) 设计并实现各表相关属性之间的参照关系。

(3) 使用 SQL Management Studio 图形界面或 Transact - SQL 在"TM"数据库中创建前述各表,并插入部分数据,要求所插入数据合理有效。

三、实验过程指导

(1) 在实验二所创建的"TM"数据库中合理设计以下各表逻辑结构:

学生信息(学号,姓名,性别,籍贯,出生日期,民族,学院/系别号,班级号)

课程信息(课程号,课程名称,课程所属模块,课程类别,学分,学时)

学习信息(学号,课程号,考试成绩,平时成绩)

院系信息(院系号,院系名称)

要求确定各个字段的名称、类型、是否有默认值,是否主键等信息。

预备知识

① 表中各字段的数据类型规定了该字段能够存储何种数据,以及字段中一个数据所占用的存储空间大小。SQL Server 2005 常用的基本数据类型如下:

● 使用整数数据的精确数字数据类型,如表 3-1 所示

表 3-1　使用整数数据的精确数字数据类型

类型	存储空间(Byte)	表示范围
tinyint	1	0～255
smallint	2	-32768～32767
int	4	-2,147,483,648～2,147,483,647(约正负 21 亿)
bigint	8	-9,223,372,036,854,775,808～9,223,372,036,854,775,807(-2^{63}～$2^{63}-1$)

● 带固定精度和小数位数的数值数据类型:decimal[(p[, s])](numeric[(p[, s])]表示形式在功能上与 decimal 等价),其中 p 用于指定数值精度,表示最多可以存储的十进制数字的总位数,包括小数点左边和右边的位数。该精度必须是从 1 到最大精度 38 之间的值。默认精度为 18。s 用于指定小数位数,即小数点右边可以存储的十进制数字的最大位数,仅在指定精度后才可以指定小数位数。默认的小数位数为 0;因此,$0 \leqslant s \leqslant p$。该类型数据存储大小随不同精度而变化。

● 代表货币或货币值的数据类型,如表 3-2 所示。

表 3-2　代表货币或货币值的数据类型

类型	存储空间(Byte)	表示范围	精度
money	8	-922,337,203,685,477.5808～922,337,203,685,477.5807	精确到它们所代表的货币单位的万分之一
smallmoney	4	-214,748.3648～214,748.3647	精确到它们所代表的货币单位的万分之一

● 用于表示浮点数值数据的近似数据类型,注意这一类型数据并非数据类型范围内的所有值都能精确地表示。此类别数据类型如表3-3所示。

表3-3　表示浮点数值数据的近似数据类型

类型	存储空间(Byte)	表示范围
float[(n)]	取决于 n 的值	$-1.79E+308 \sim -2.23E-308$、 $0,2.23E-308 \sim 1.79E+308$
real	4	$-3.40E+38 \sim -1.18E-38$、 $0、1.18E-38 \sim 3.40E+38$

float[(n)]中 n 为用于指定 float 数值尾数的位数,以科学记数法表示,由此可以确定精度和存储空间大小。n 的默认值为53。如果要指定 n,则 n 必须是1和53之间的某个值。n 取值为1~24之间(含1、24)时,float(n)数据精度为7位尾数,占用4Byte 存储空间;n 取值为25~53之间(含25、53)时,float(n)数据精度为15位尾数,占用8Byte 存储空间。

● 用于表示某天的日期和时间的数据类型,如表3-4所示。

表3-4　表示某天的日期和时间的数据类型

类型	存储空间(Byte)	表示范围	精确度
datetime	8	1753年1月1日~ 9999年12月31日	3.33 毫秒
smalldatetime	4	1900年1月1日~ 2079年6月6日	1 分钟

● 字符数据类型,如表3-5所示。

表3-5　字符数据类型

数据类型	描述	存储空间
char(n)	n 为1~8000 字符之间	n 字节
nchar(n)	n 为1~4000 Unicode 字符之间	(2n字节)+2字节额外开销
ntext	最多为 $2^{30}-1$ (1 073 741 823)Unicode 字符	每字符2字节
nvarchar(max)	最多为 $2^{30}-1$ (1 073 741 823)Unicode 字符	2×字符数+2字节额外开销
text	最多为 $2^{31}-1$ (2 147 483 647)字符	每字符1字节
varchar(n)	N 为1~8000 字符之间	每字符1字节+2字节额外开销
varchar(max)	最多为 $2^{31}-1$ (2 147 483 647)字符	每字符1字节+2字节额外开销

② 在数据库中创建表之前,首先要设计该表的表结构,字段是表中数据存储的基本单位,表结构定义包括各字段含义、字段名称、字段的数据类型、字段说明等内容。设计表

名称及字段名称时应注意所定义名称应易于识别和引用,最好是方便理解和记忆的,使用户可以"见名知义"。如表名为"学生"表示表中存储了学生信息,字段名为"学号"、"姓名"等表示字段中存储的是学生学号与学生姓名等信息,当然一般表名和字段名采用英文或汉语拼音等形式定义,如将"学生"表命名为"Student"或"XS","学号"、"姓名"字段定义为"S_ID"、"S_NAME"或"XH"、"XM"。由于 SQL 不区分大小写字母,注意其中下划线"_"在名称定义中的应用方式。

实验步骤

① 理解 SQL Server 2005 各常用基本数据类型的信息表示能力、存储效率等特性。

② 按你理解的学生信息、课程信息、学习信息、院系信息表的实际数据存储要求,为表中各属性设计合理的字段名称与数据类型;找出各表的主键;合理设计相关属性的默认值。

(2) 依据你所设计的表结构,使用 SQL Server Management Studio 图形工具在"TM"数据库中创建学生信息表和课程信息表,并试验在图形界面中修改表结构,删除数据表,输入和更新数据的方法。

预备知识:

① 以 TM 数据库中新建学生信息表为例,使用 SQL Server Management Studio 图形工具在数据库中创建表的主要步骤如下:

a. 在 SQL Server Management Studio 的"对象资源管理器"中,展开"TM"数据库对象树,右击其中"表"节点,在弹出的快捷菜单中选择"新建表"命令,界面右侧出现"表-dbo.Table_1"页,如图 3-1 所示:

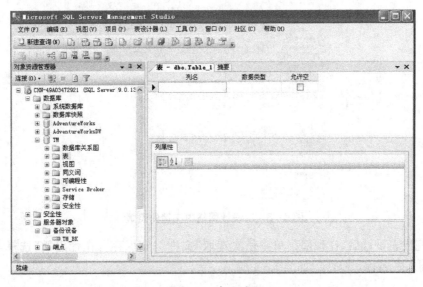

图 3-1　表设计页

b. 在表设计页中的编辑网格中有"列名"、"数据类型"、"允许空"三列,网格一行对应一个表字段,"列名"用于指定字段名,"数据类型"用于指定字段类型,如整型、字符型、日期类型等,"允许空"用于指定该字段是否有非空约束,即表中各元组在该字段上的取值是否可以不指定。一个表字段编辑样例如图 3-2 所示。

图 3-2   表设计页编辑样例

应注意表结构中主键的设置方法,在表设计网格中,选中主键字段(单击字段所在行前端方块,选择多行时需同时按住【Shift】键)行,右击选中行,在弹出快捷菜单中选择"设置主键",主键中属性会被自动设置为"不允许空"如图 3-3 所示。

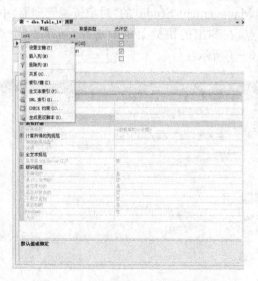

图 3-3   表设计网格中主键的设置

c. 完成表设计后,在顶部菜单中依次选取"文件"→"保存",在弹出的"选择名称"对话框中输入表名称,并确定,如图 3-4 所示。

图 3-4   "选择名称"对话框中指定表名

② 以 TM 数据库中新建的 Student 表为例,使用 SQL Server Management Studio 图形工具修改表结构的方法步骤如下:

a. 在"对象资源管理器"中,依次展开"数据库"→"TM"→"表"。

b. 右击"Student"表,在弹出的快捷菜单中选取"修改",界面右侧出现"表- dbo. Student"表设计页,与图 3-2 相似,在表设计页中可对表结构进行相应修改。

③ 以 TM 数据库中新建的一个"foo"表(可自建一个用于实验操作的临时表)为例,使用 SQL Server Management Studio 图形工具删除数据库中指定表的方法步骤如下:

a. 在"对象资源管理器"中,依次展开"数据库"→"TM"→"表"。

b. 右击"foo"表,在弹出的"删除对象"窗口查看要删除的表的信息(包含依赖关系),然后单击确定删除。注意有些表受数据库参照完整性约束,在删除参照它的表之前,其不能被删除。

④ 以 TM 数据库为例,使用 SQL Server Management Studio 图形工具向 Student 表中输入或更新数据的方法步骤如下:

a. 在"对象资源管理器"中,依次展开"数据库"→"TM"→"表"。

b. 右击"Student"表,在弹出的快捷菜单中选取"打开表",界面右侧出现"表- dbo. Student"表数据编辑页,如图 3-5 所示:

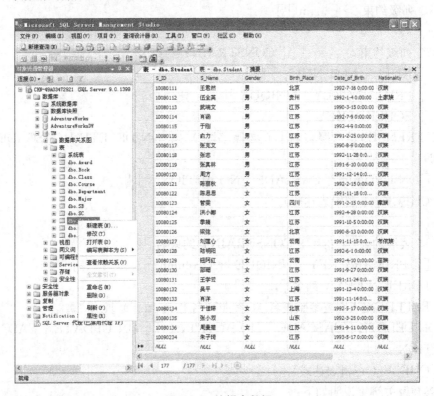

图 3-5　编辑表数据

c. 在表数据编辑页的网格中可以输入新记录,或对已有记录的数据直接进行编辑,应注意输入数据与字段类型的匹配。

d. 若要删除记录,可右键点击该条记录所在行的行首方块,在弹出的快捷菜单中选择"删除"命令,弹出删除提示对话框,单击"是"按钮,就可以删除选择的记录。

实验步骤

① 依据你所设计的学生信息表和课程信息表逻辑结构,使用 SQL Server Management Studio 图形编辑界面,在"TM"数据库中建立各表。

② 使用你创建的表,试验在图形界面中修改表结构,删除表,在表中输入并更新数据的方法。

(3) 依据你所设计的表结构,使用 T-SQL 语句创建学习信息表和院系信息表,并试验使用 T-SQL 语句修改表结构,删除数据表,插入和更新数据的方法。

预备知识:

① 在数据库中创建一个表的 T-SQL 语句的基本语法如下:

CREATE TABLE 表名 ({ < 列定义 > | < 表级约束 > } [, . . . n])

其中:

    < 列定义 > : : =

〔列名 列数据类型〕

〔{ DEFAULT 默认值常量表达式 | 〔 IDENTITY 〔 (种子值,增长量) 〕〕}〕

〔 < 列级约束 > 〔 . . . n 〕 〕

    < 列级约束> : : = 〔 CONSTRAINT 约束名 〕{

  〔 NULL | NOT NULL 〕 |

  〔 PRIMARY KEY | UNIQUE 〕|

  〔 FOREIGN KEY 〕

REFERENCES 被参照表名 〔 (参照字段) 〕〔 ON DELETE { CASCADE | NO ACTION } 〕

  〔 ON UPDATE { CASCADE | NO ACTION } 〕|

  CHECK (逻辑表达式) }

    < 表级约束 > : : = 〔 CONSTRAINT 约束名 〕{

  〔 { PRIMARY KEY | UNIQUE }{ (column 〔 , . . . n 〕) }〕|

FOREIGN KEY (列名 〔 , . . . n 〕)

REFERENCES 被参照表名〔 (参照列名 〔 , . . . n 〕) 〕

〔 ON DELETE { CASCADE | NO ACTION } 〕〔 ON UPDATE { CASCADE | NO ACTION } 〕|

  CHECK (逻辑表达式) }

各参数及关键字说明如下:

● 表名:是新数据表名,表名应符合标识符规则。

● 列名:新数据表中的字段名,字段名应符合标识符规则,并在表中唯一。注意若列名中包含空格,必须用方括号"[]"将列名括起来,如"[Student ID]",但建议在空格处使用下划线"_"代替空格,以方便将来的数据操作。

- DEFAULT：若数据表插入记录操作不显示提供列值时，设定该列的默认值。除了 IDENTITY（标识）关键字定义的列之外，DEFAULT 关键字可应用于任何列。删除表时将删除该默认值的定义。常量值可用作默认值。

- IDENTITY：设置新列为标识列。为表添加新记录时，SQL Server 数据库引擎将把该列设置为一个唯一的增量值。标识列通常与主键（PRIMARY KEY）约束结合使用以作为表的唯一行标识符。可以将 IDENTITY 属性分配给 tinyint、smallint、int、bigint、decimal(p,0) 或 numeric(p,0) 列。每个表只能创建一个标识列，不能对标识列使用绑定默认值和 DEFAULT 约束。必须同时指定种子值和增量值，或者两者都不指定。如果二者都未指定，则取默认值 (1,1)。种子值是插入第一行记录时所设置的值，增量值用于设置新增记录时，标识列在前一行的标识值中添加的增量。

- CONSTRAINT：可选关键字，表示 PRIMARY KEY（主键）、NOT NULL（非空）、UNIQUE（唯一）、FOREIGN KEY（外键）或 CHECK（检查）约束定义的开始。

- NULL | NOT NULL：设置列是否允许使用空值（即不指定任何值，值不确定）。严格讲，NULL（可空）不是约束，但可以像指定 NOT NULL（非空）那样指定它，列默认可空。

- PRIMARY KEY：主键约束，它是通过唯一索引对给定的一列或多列实施实体完整性的约束。对于每个表只能创建一个 PRIMARY KEY 约束。

- UNIQUE：唯一约束，它通过唯一索引对指定的一列或多列实施实体完整性，使各记录在该列上的取值不可重复。一个表可以有多个 UNIQUE 约束。

- FOREIGN KEY REFERENCES：外键约束，为表中列设置引用完整性约束。FOREIGN KEY 约束要求列中的每个值都存在于被参照表的参照字段中。注意外键约束只能引用被参照表中的主键或已定义了 UNIQUE 约束的列，或被参照表中在 UNIQUE INDEX（唯一索引）内的列。

- ON DELETE{ NO ACTION | CASCADE | SET NULL | SET DEFAULT }：设置具有外键约束的表中的某些行，当其所对应的被参照表中对应行被删除时，将采取何种操作方式。NO ACTION 表示数据库引擎将引发错误，并回滚对被参照表中相应行的删除操作，即拒绝删除；CASCADE 表示如果从被参照表中删除一行，则将从此参照表中删除相应行（级联删除）；SET NULL 表示如果被参照表中对应的行被删除，则参照表中外键对应的所有值都将设置为 NULL，注意若要执行此约束，外键列必须为空值；SET DEFAULT，如果被参照表中对应的行被删除，则组成外键的所有值都将设置为默认值，注意若要执行此约束，所有外键列都必须有默认值的定义。如果某个列可为空值，并且未设置显式的默认值，则会使用 NULL 作为该列的隐式默认值。默认值为 NO ACTION。

- ON UPDATE { NO ACTION | CASCADE | SET NULL | SET DEFAULT }：设置如果具有外键约束的表中的某些行，当其对应的被参照表中的行的参照列发生改变时，这些行将采取何种操作方式。各选项含义类似于 ON DELETE 中的各选项。默认值为 NO ACTION。

- CHECK：检查约束，它是通过限制可输入到一列或多列中的可能值来强制域完整性的约束。

使用 CREATE TABLE 语句创建"Student"表的参考语句如下:

```
CREATE TABLE Student(
    S_ID char(8),
    S_Name nchar(10),
    Gender nchar(1) check (Gender in('男','女')),
    Birth_Place nvarchar(20),
    Date_of_Birth smalldatetime,
    Nationality nvarchar(10),
    DEPT_ID char(2),
    Class_ID int,
    CONSTRAINT PK_Student_ID PRIMARY KEY(S_ID))
```

使用 CREATE TABLE 语句创建"Course"表的参考语句如下:

```
CREATE TABLE Course(
    C_ID char(8),
    C_Name nvarchar(20),
    Module nvarchar(10),
    C_Type nchar(2),
    Credit real,
    C_Hours tinyint,
    PRIMARY KEY (C_ID))
```

② 在数据库中删除表的 T-SQL 语句的基本语法如下:

DROP TABLE ＜ 表名 ＞

应注意 DROP TABLE 不能用来删除被 FOREIGN KEY 约束引用的表,必须首先删除 FOREIGN KEY 约束或参照表。删除表时,表中的规则或默认值会失去绑定,还会自动删除与其相关的所有约束。如果重新创建一个表,则必须重新绑定适当的规则和默认值,添加所有必要的约束。因此变更表名时,一般应使用系统存储过程"sp_rename"。

③ 在数据库中更改表结构使用 ALTER TABLE 语句。

● 修改列定义的基本语法如下:

ALTER TABLE 表名{

[ALTER COLUMN 列名　新数据类型 [NULL|NOT NULL]]

}

例如:

```
ALTER TABLE Student ALTER COLUMN  S_ID char(10)
```

● 为数据表添加列定义的基本语法为:

ALTER TABLE 表名 ADD{ [列定义]}

列定义与表创建表时的列定义方法相同,例如:

```
ALTER TABLE Student ADD Age tinyint check(age>16 and age<28)
```

● 删除数据表字段的基本语法为:
ALTER TABLE 表名 DROP COLUMN <列名>[,...n]
例如:

```
ALTER TABLE Student Drop Column Age
```

● 为数据表添加约束的基本语法为:
ALTER TABLE 表名 [WITH CHECK|WITH NOCHECK]
ADD CONSTRAINT <约束名> <约束定义>[,...n]
例如:

```
ALTER TABLE Student ADD CONSTRAINT CHK_Gender CHECK(Gender in('男','女'))
```

ALTER TABLE ADD CONSTRAINT 语句可向数据表中添加三类约束:主键约束、外键约束和检查约束,增加约束时可设定[WITH CHECK|WITH NOCHECK]选项。如果设定 WITH CHECK,则将使用新增的表约束对表中原有的数据进行检查,若存在不满足约束的数据,约束将不创建;如果设定 WITH NOCHECK,则不使用新增的表约束对表中原有的数据进行检查,但此选项会对后续操作产生影响。
● 删除数据表中约束的基本语法为:
ALTER TABLE 表名 DROP CONSTRAINT <约束名>[,...n]
例如删除前例创建约束:

```
ALTER TABLE Student DROP CONSTRAINT CHK_Gender
```

④ 使用 T-SQL 语句在数据表中插入数据的基本语法为:
INSERT INTO <表名或视图名>[(列名表)]
{ VALUES ({ DEFAULT | NULL |表达式}[,...n])}
例如:

```
INSERT INTO Student(S_ID,S_Name,Gender,
Birth_Place,Date_of_Birth,Nationality,DEPT_ID,Class_ID)
VALUES('1111111','天天','男','江苏','1995-6-30','汉族',6,2)
```

注意列名表中各列顺序与 VALUES 值表中值的对应关系。列名表可以省略,这时隐含的列顺序为表设计时排定的顺序,建议不要省列名表,以防止潜在错误。另外值得说明的一点是可以把 SQL Server 中日期类型理解为特殊的字符型,因为如 1995-6-30 这样的字符串可以被数据库引擎隐式地转换成可识别的日期型,即符合一定格式的字符串可以被转换为日期型数据。
⑤ 使用 T-SQL 语句更新数据表中数据的基本语法为:

UPDATE ＜表名或视图名＞   SET｛列名＝｛表达式｜DEFAULT｜NULL｝[,…n]｝
WHERE ＜查询条件＞
例如：

```
UPDATE Student SET S_NAME='圆圆',Gender='女' WHERE S_ID='1111111'
```

注意使用 UPDATE 更新表中数据时若省略 WHERE 子句,将更新表中全部记录指定列上的数据值。此命令可能造成较大影响,使用 UPDATE 语句更新表中数据时应仔细设计查询条件,并可以先使用 SELECT 语句查询出将要更新的记录,查看确认。

⑥ 使用 T-SQL 语句删除数据表中数据的基本语法为：
DELETE FROM ＜表名或视图名＞［WHERE   ＜查询条件＞］
例如：

```
DELETE FROM Student WHERE S_ID='1111111'
```

注意使用 DELETE 删除表中数据时若省略 WHERE 子句,将删除表中全部数据,此命令影响较大,使用 DELETE 语句时应仔细设计查询条件,并可以先使用 SELECT 语句查询出将要删除的数据,查看确认。

实验步骤

① 依据你所设计的学习信息和院系信息表结构,使用 T-SQL 语句,在"TM"数据库中建立各表。

② 使用你创建的表,试验使用 T-SQL 语法修改表结构,删除表,在表中输入并更新数据的方法。

(4) 找出各表之间相关属性的参照关系,并在相关表中增加引用完整性约束。

预备知识

在 SQL Server 2005 中,引用完整性可通过 FOREIGN KEY 和 CHECK 约束来实现,它以外键与主键之间或外键与唯一键之间的关系为基础。引用完整性保证了参照表键值与被参照表中键值的一致性,这种一致性保证了参照表不引用一个被参照表中不存在的键值;并且当被参照表中的一个键值发生更改时,整个数据库中,对该键值的所有引用就应该进行一致的更改。

实验步骤

① 找出学生信息、课程信息、学习信息、院系信息表中相关属性的参照关系。

② 在你已创建好的表中增加合理的引用完整性约束。

四、实验报告要求

(1) 合理命名并设计各表结构(字段名,数据类型,默认值,是否主键,取值范围描述等),以表格描述相关信息,如一个学生信息表结构的设计样例如下：

表 3 - 6　学生信息表（Student）

字段含义	字段名称	数据类型	说明
学号	S_ID	char(8)	主键
姓名	S_NAME	nvarchar(10)	
性别	Gender	nchar(1)	
籍贯	Birth_Place	nvarchar(20)	
出生日期	Date_of_Birth	smalldatetime	
民族	Nationality	nvarchar(10)	
学院/系别号	DEPT_ID	char(2)	
班级号	Class_ID	int	

（2）总结使用 SQL Server Management Studio 创建学生信息、课程信息表，修改表结构，输入或更新表数据的过程或方法。

（3）写出实验中创建学习信息、院系信息表，试验修改表结构及删除数据表、插入和更新数据，你所编写并成功执行的 T - SQL 语句。

（4）说明学生信息、课程信息表、学习信息、院系信息表间相关属性的合理参照关系，写出相应的数据库中添加引用完整性约束的 T - SQL 语句；探索并总结使用 SQL Server Management Studio 图形工具在数据库中添加相应引用完整性约束的方法。

（5）根据学习情况，尝试完成本实验中扩展实验部分，并在实验报告中对实验做出总结。

（6）实验思考：

① 你认为在教学管理中还可以增加哪些信息，可以再为数据库增加设计哪些表或为已有表增加设计哪些属性字段？ 说出理由。

② 数据表中的主键有何特性，请设计实例验证主键的特性。当相关数据表中已有数据时，为各表之间增加参照关系时有可能会失败，为什么？

③ 总结 SQL 中数值数据，字符数据和日期数据常量的表示方法。思考当向某表中插入记录时，若插入记录的某字段值的数据类型或精度与该表中对应字段定义不同时，会产生哪些结果？ 请设计不同情况的实例加以验证。

实验四　单表简单查询与多表联接查询设计

一、实验目的

(1) 了解查询的目的，掌握 SELECT 语句的基本语法和查询条件的表示方法。

(2) 掌握数据排序和数据联接查询的方法。

(3) 掌握 SQL Server 查询分析器的使用方法。

二、实验要求

(1) 针对"TM"数据库，在 SQL Server 查询分析器中，用 T‐SQL 语句实现以下单表查询操作，并将调试成功的 T‐SQL 命令，填入实验报告中。

a. 查询所有课程的详细情况。

b. 查询来自江苏或山东的学生学号和姓名，并以中文名称显示输出的列名。

c. 查询选修了课程的学生学号(一人选了多门课程的话，学号只显示一次)。

d. 查询选修课程号为 07253001 的学号和成绩，并要求对查询结果按成绩降序排列，如果成绩相同则按学号升序排列。

e. 查询所有学生的学号、姓名和年龄。

f. 查询选修课程号为 07253001 的成绩在 85～95 之间的学生学号和成绩，并将成绩乘以 0.7 输出。

g. 查询数学与信息技术学院(DEPT_ID 为 07)或物理与电子工程学院(DEPT_ID 为 09)姓张的学生的信息。

h. 查询所有核心课程(课程名中带 *)的情况。

i. 查询缺少了成绩的学生的学号和课程号，查询结果按课程号升序排列。

(2) 在 SQL Server 查询分析器中，用 T‐SQL 语句实现下列数据联接查询操作：

a. 查询每个学生的情况以及他(她)所选修的课程。

b. 查询学生的学号、姓名、选修的课程名及成绩。

c. 查询选修 C 语言程序设计且成绩为 85 分以上的学生学号、姓名及成绩。

d. 查询和学生柏文楠是同一个民族的学生(用自身联接实现)。

e. 分别用等值联接和内联接查询有授课记录的老师的姓名。

f. 用外连接查询所有老师的授课情况，输出老师的工号、姓名、职称、院系、担任的课程号和授课的学期，结果按院系和职称升序排列。如果该老师没有授课历史，在课程号和授课的学期中显示空值。

(3) 在 SQL Server Management Studio 中新建查询，完成以上查询命令的同时，熟悉 SQL 编辑器工具栏中各快捷按钮的作用。

（4）按要求完成实验报告。

三、实验过程指导

预备知识

① SQL 提供了 SELECT 语句进行数据库的查询操作，该语句具有丰富的功能和灵活的使用方式。查询命令的一般格式为：

SELECT［TOP n［PERCENT］］［ALL｜DISTINCT］＜目标列表达式＞［,＜目标列表达式＞］…

FROM ＜表名或视图名＞［,＜表名或视图名＞］…

［WHERE ＜条件表达式＞］

［GROUP BY ＜列名 1＞［HAVING ＜条件表达式＞］］

［ORDER BY ＜列名 2＞［ASC｜DESC］］

● SELECT 子句：指定要显示的属性列，即对一个关系（二维表）作投影运算。

● FROM 子句：指定查询对象（基本表或视图）。

● WHERE 子句：指定查询条件，即对一个关系（二维表）作选择运算。

● GROUP BY 子句：对查询结果按指定列的值分组，该属性列值相等的元组为一个组。通常会在每组中作用集函数。

● HAVING 短语：筛选出只有满足指定条件的组。

● ORDER BY 子句：对查询结果表按指定列值的升序或降序排序。

说明：

➤ SELECT 子句后面的＜目标列表达式＞可以是表中的若干列，也可以是表中全部列，或是对表中的列经过计算的结果。例如：

```
/*查询全体学生的学号与姓名*/
SELECT S_ID,S_NAME  FROM Student;
/*查询全体学生的详细记录*/
SELECT  *  FROM Student;
/*查询全体学生的学号,姓名和年龄*/
SELECT S_ID,S_NAME,  year(getdate())－year(Date_of_Birth) 年龄
FROM Student;
```

➤［ALL｜DISTINCT］选项中，DISTINCT 关键词指定去掉查询结果的重复行，如果没有指定 DISTINCT 关键词，则缺省为 ALL。例如：

```
/*查询已经选课的学生的学号*/
SELECT DISTINCT S_ID FROM SC;
```

② WHERE 子句中常用的查询条件表示方法如表 4.1 所示。

表 4.1　常用的查询条件

查询条件	谓　　词
比较	$=,>,<,>=,<=,! =,<>,! >,! <$；NOT＋上述比较运算符
确定范围	BETWEEN AND,NOT BETWEEN AND
确定集合	IN,NOT IN
字符匹配	LIKE,NOT LIKE
空　　值	IS NULL,IS NOT NULL
多重条件(逻辑运算)	AND,OR,NOT

说明：

➤ 比较运算符一般用于精确比较查询。例如：

```
/＊查询籍贯是江苏的学生＊/
SELECT  ＊ FROM  STUDENT
WHERE Birth_Place＝' 江苏 ';
/＊查询平均分大于 90 的学生的学号和课程号＊/
SELECT  S_ID, C_ID  FROM  SC
WHERE AVG_Grade＞90;
```

➤ BETWEEN … AND 以及 NOT BETWEEN … AND 用来确定范围,方便条件表达式的书写。例如：

```
/＊查询年龄在 20～23 岁(包括 20 岁和 23 岁)之间的学生＊/
SELECT  ＊ FROM STUDENT
WHERE  year(getdate())－year(Date_of_Birth)  BETWEEN 20 and 23;
```

➤ IN ＜值表＞和 NOT IN ＜值表＞,用来确定集合范围,也可以简化表达式的书写。例如：

```
/＊查询籍贯是江苏、山东和河南的学生＊/
SELECT  ＊ FROM STUDENT
WHERE Birth_Place IN(' 江苏 ',' 山东 ',' 河南 ');
```

➤ [NOT] LIKE'＜匹配串＞'[ESCAPE ' ＜换码字符＞']可以实现模糊查找,通常会用到通配字符"％"和"_",其中"％"代表任意字符,"_"代表单个字符。如果匹配的字符串中,本身就含有"％"或者"_",要用关键字[ESCAPE'＜换码字符＞'],将通配符转义为普通字符。例如：

```
/＊查询所有姓刘的学生＊/
SELECT  ＊  FROM Student
WHERE  S_Name LIKE ' 刘％';
/＊查询姓名中第二个字是玉的学生＊/
```

```
SELECT  *  FROM Student
WHERE  S_Name LIKE '_玉%';
/*查询 DB_Design 课程的详细情况*/
SELECT  *  FROM Course
WHERE C_Name LIKE 'DB\_Design' ESCAPE '\';
```

➤ 查询条件中涉及空值的话,条件表达式中用 IS NULL 或 IS NOT NULL,其中"IS" 不能用"="代替。例如:

```
/*查询考试成绩为空值的情况(有些学生选课后没参加考试,所以有选课记录,但没有考试成绩)*/
SELECT  *  FROM  SC
WHERE  EXAM_Grade  IS  NULL;
```

➤ 查询条件中涉及多重条件的话,可以用逻辑运算符 AND 和 OR 来联结多个查询条件,其中 AND 的优先级高于 OR,也可以用括号改变优先级。例如:

```
/*查询山东籍和河南籍的女生*/
SELECT  *  FROM  STUDENT
WHERE  (Birth_Place='山东' OR Birth_Place='河南')  AND  Gender='女';
```

③ ORDER BY 子句,将查询结果按一个或多个属性列排序,升序用 ASC,降序用 DESC,缺省值为升序。例如:

```
/*查询 07253001 课程的情况,按考试成绩降序排列*/
SELECT * FROM  SC  WHERE C_ID='07253001'
ORDER BY EXAM_Grade DESC;
/*查询全体学生情况,查询结果按所在系的系号升序排列,同一系中的学生按出生日期降序排列*/
SELECT *   FROM  STUDENT
ORDER BY DEPT_ID, Date_of_Birth DESC;
```

④ 使用 TOP n[PERCENT],可以使查询结果只输出前 n 行,或前 n%行。注意该选项必须和 ORDER BY 子句一起使用,先对查询结果排序,然后输出排序后的前 n 行,或前 n%行。例如:

```
/*查询 07253001 课程考分前 5 名的记录*/
SELECT  TOP 5 *  FROM  SC  WHERE C_ID='07253001'
ORDER BY  EXAM_Grade  DESC;
/*查询 07253001 课程考分前 10%的记录*/
SELECT  TOP  10  PERCENT  *  FROM  SC  WHERE C_ID='07253001'
ORDER BY  EXAM_Grade  DESC;
```

⑤ 联接查询是指涉及两个以上的表的查询,包括表之间的等值联接查询、自然联接

查询、非等值联接查询、自身联接查询和外联接查询等,为了实现多表联接查询,必须要找出联接多张表之间的公共列。例如:

```
/*查询数学与信息技术学院的学生的学号和姓名*/
SELECT S_ID,S_Name
FROM   STUDENT,  DEPARTMENT
WHERE     STUDENT. DEPT_ID=DEPARTMENT. DEPT_ID
AND    DEPARTMENT. DEPT_Name='数学与信息技术学院'
/*查询所有学生的学号,姓名,选修的课程名和考试成绩*/
SELECT  STUDENT. S_ID,  S_Name,C_name,  EXAM_Grade,  AVG_Grade
FROM   STUDENT,  SC,  COURSE
WHERE STUDENT. S_ID=SC. S_ID
AND SC. C_ID=COURSE. C_ID
/*查询所有学生的学号,姓名,选修的课程号和考试成绩,包括没有选课的学生*/
SELECT STUDENT. S_ID,S_Name,C_ID,EXAM_Grade
FROM   STUDENT
LEFT   JOIN SC
ON STUDENT. S_ID=SC. S_ID
```

实验步骤

① 在 SQL Server Management Studio 中新建查询,见图 4-1 所示。

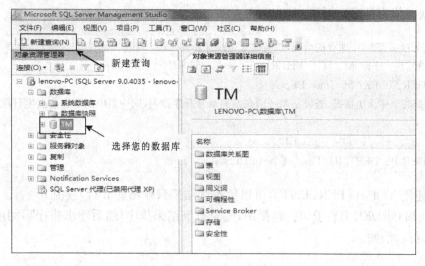

图 4-1 新建查询

② 在 SQL 编辑器中输入相应的命令并调试,在 SQL 编辑器中选择以网格显示或以文本方式显示查询结果。注意:SQL 命令不区分大小写,命令中所有标点符号用西文形式。相应界面见图 4-2 所示,查询结果以网格和文本形式显示的情况见图 4-3 和图 4-4 所示。

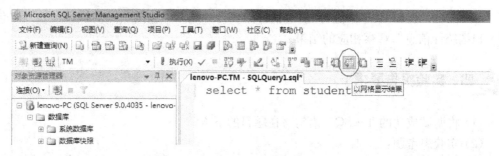

图 4 - 2　SQL 编辑器

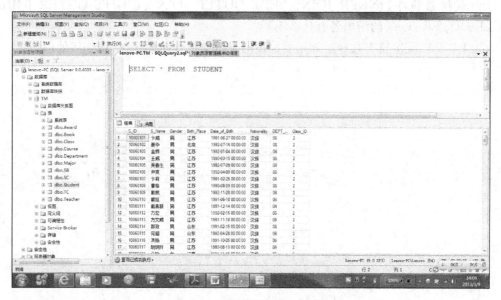

图 4 - 3　以网格形式显示查询结果

图 4 - 4　以文本形式显示查询结果

③ 可以在"查询"菜单中选择"显示估计的执行计划"、"包括实际的执行计划"和"包括客户端统计信息",观察相应的结果。

四、实验报告要求

（1）将调试成功的 T－SQL 语句写在题目的下方。

（2）实验思考题:

① 联接查询中,输出列名时何时可以忽略列名前的表名,何时不能?

② 联接查询中,INNER JOIN、LEFT OUTER JOIN 、RIGHT OUTER JOIN、FULL OUTER JOIN 的结果各有什么不同?

③ LIKE 匹配字符有几种? 如果要检索的字符中包含匹配字符,该如何处理?

实验五　嵌套子查询设计

一、实验目的

(1) 掌握多表查询和子查询的方法。

(2) 熟练使用 IN、比较符、ANY 或 ALL 和 EXISTS 操作符进行嵌套查询操作。

(3) 理解不相关子查询和相关子查询的实现方法和过程。

二、实验要求

基本实验：

(1) 针对"TM"数据库，在 SQL Server 查询分析器中，用 T - SQL 语句实现以下查询操作：

a. 查询选修了数据结构与算法的学生学号和姓名。

b. 查询 07294002 课程的成绩低于孙云禄的学生学号和成绩。

c. 查询和孙云禄同年出生的学生的姓名和出生年份。

d. 查询其他系中年龄小于数学与信息技术学院年龄最大者的学生。

e. 查询其他系中比数学与信息技术学院学生年龄都小的学生。

f. 查询同孙云禄数据库原理与应用课程分数相同的学生的学号和姓名。

g. 查询选修了 07294002 课程的学生姓名。

h. 查询没有选 07294002 课程的学生姓名。

i. 查询同时选修了 07295006 和 07295007 课程的学生的学号。

j. 查询所有未授课的教师的工号、姓名和院系，结果按院系升序排列。

扩展实验：

a. 查询和 10060101 选修的全部课程相同的学生的学号、课程号、期末考试成绩。

b. 查询至少选了 10060101 选修的全部课程的学生的学号。

c. 查询年龄比所在院系平均年龄小的学生的学号、姓名、年龄、院系，按院系和年龄升序排列。

d. 查询每门课都在 80 分以上的学生的学号和姓名。

(2) 在 SQL Server Management Studio 中新建查询，尽可能用多种形式表示实验中的查询语句，并进行比较。

(3) 按要求完成实验报告。

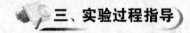

三、实验过程指导

预备知识

① 一个 SELECT – FROM – WHERE 语句称为一个查询块。将一个查询块嵌套在另一个查询块的 WHERE 子句或 HAVING 短语的条件中的查询称为嵌套查询。外层查询又称为父查询，里层查询称为子查询。嵌套查询可以用多个简单查询构成复杂的查询，增强了 SQL 的查询能力。层层嵌套方式反映了 SQL 语言的结构化的特点。

注意：子查询要用括号括起来，子查询中不能使用 ORDER BY 子句。

② 嵌套查询分为不相关子查询和相关子查询。如果子查询的查询条件不依赖于父查询，就是不相关子查询。不相关子查询的执行顺序是先执行子查询（且子查询只执行一遍），并将子查询的执行结果作为构造父查询的查询条件，然后执行父查询。例如：

```
/*查询已经选课的学生的姓名*/
SELECT  S_Name  FROM  Student
WHERE  S_ID  IN              /*后执行父查询,子查询的结果构成父查询的条件*/
(SELECT  S_ID  FROM  SC)  /*先执行子查询,只执行一遍*/
```

③ 相关子查询也被称为重复执行的子查询。是指子查询中的查询条件和父查询有关，所以求解相关子查询时，不能一次性将子查询求解出来，而是执行多次子查询。例如：

```
/*查询已经选课的学生的姓名(用相关子查询实现)*/
SELECT  S_Name  FROM  Student
WHERE  EXISTS
(SELECT  *  FROM  SC
WHERE  SC.S_ID = Student.S_ID);
```

注意：子查询条件中的 Student.S_ID 来自父查询，每次父查询中 Student 表的记录变化时，Student.S_ID 有一个不同的值，子查询就要执行一次。假设 Student 表有 1000 条记录，子查询就执行了 1000 遍。

④ 引出子查询的谓词有 IN、比较运算符、比较运算符加上 ANY（SOME）或 ALL、EXISTS。

➤ 嵌套查询中，子查询往往是一个集合，IN 是最经常使用的一个谓词。例如：

```
/*查询所有没选课的学生*/
SELECT * FROM  STUDENT
WHERE S_ID NOT IN
    (SELECT S_ID FROM  SC);
/*查询选修了 C 语言程序设计课程的学生姓名*/
SELECT S_ID,  S_name  FROM    Student
WHERE S_ID  IN
```

```
    (SELECT S_ID    FROM     SC
  WHERE   C_ID    IN
     (SELECT C_ID    FROM Course
      WHERE C_Name='C 语言程序设计'));
```

> 当能确切知道内层查询返回单值时,可用比较运算符(>,<,=,>=,<=,! =
或<>)。

如果内层查询返回多个值,可以将比较运算符与 ANY 或 ALL 谓词配合使用。
例如:

```
 /*查询和卞威在同一个系学习的学生*/
 SELECT * FROM  STUDENT
 WHERE DEPT_ID=
 (SELECT DEPT_ID FROM   student
 WHERE S_Name='卞威');
 /*查询价格低于所有书平均价格的书籍*/
 SELECT * FROM   BOOK
 WHERE Price<
 (SELECT AVG(Price) FROM   BOOK);
 /*查询其他系中,比数学与信息技术学院所有人年龄都小的学生*/
 SELECT *
 FROM Student
 WHERE DEPT_ID<>'数学与信息技术学院' AND
 Date_of_Birth>ALL
                 (SELECT Date_of_Birth
                  FROM Student
                  WHERE DEPT_ID='数学与信息技术学院');
 /*找出每个学生超过他选修课程平均成绩的课程号*/
 SELECT S_ID,  C_ID
 FROM   SC  x
 WHERE EXAM_Grade >=(SELECT AVG(EXAM_Grade)
                     FROM   SC y
                     WHERE y. S_ID=x. S_ID);    /*该查询是相关子查询*/
```

> EXISTS 谓词表示存在量词"∃",带有 EXISTS 谓词的子查询不返回任何数据,只
产生逻辑真值"true"或逻辑假值"false"。若内层查询结果非空,则外层的 WHERE 子句
返回真值,若内层查询结果为空,则外层的 WHERE 子句返回假值。由 EXISTS 引出的
子查询,其目标列表达式通常都用"*",因为带 EXISTS 的子查询只返回真值或假值,给
出列名无实际意义。NOT EXISTS 谓词和 EXISTS 相反,若内层查询结果非空,则外层
的 WHERE 子句返回假值。若内层查询结果为空,则外层的 WHERE 子句返回真值。
例如:

```
/*查询没有选修00002005号课程的学生姓名*/
SELECT S_name
FROM Student
WHERE NOT EXISTS
        (SELECT    *    FROM SC
        WHERE S_ID = Student. S_ID AND C_ID='00002005')
```

⑤ 实现同一个查询可以有多种方法,不同的方法其执行效率可能会有差别,甚至差别会很大。这就是数据库编程人员应该掌握的数据库性能调优技术,有兴趣的同学可以进一步研究相关的优化技术,包括具体产品的性能调优方法。

实验步骤

① 在 SQL Server Management Studio 中新建查询。

② 针对查询要求,在 SQL 编辑器中输入相应的命令并调试,在 SQL 编辑器中选择以网格显示或以文本方式显示查询结果。

③ 在"查询"菜单中选择"显示估计的执行计划"、"包括实际的执行计划"和"包括客户端统计信息",观察相应的结果。

四、实验报告要求

(1) 将调试成功的 T - SQL 语句写在题目的下方。

(2) 实验思考题:

① 哪些类型的嵌套查询可以用连接查询表示?

② 嵌套查询具有何种优势?

③ 相关子查询和不相关子查询的执行顺序有何不同,子查询各自执行几遍?

实验六 分组统计查询和集合查询设计

一、实验目的

（1）熟练掌握数据查询中分组条件表达、选择组条件的表达方法。
（2）熟练使用统计函数和分组函数。
（3）熟练各类计算和分组计算的查询操作方法。
（4）掌握集合查询的实现方法。

二、实验要求

（1）针对"TM"数据库，在 SQL Server 查询分析器中，用 T‐SQL 语句实现以下查询操作：

a. 查询各个院系学生的总人数，并按人数进行降序排列。

b. 查询各系各门课程的平均成绩。

c. 查询每个院系各种职称的教师人数，输出院系、职称、人数。

d. 查询数学与信息技术学院学生的平均年龄。

e. 查询 07294003 课程的最高分和最低分。

f. 查询选修人数超过 30 人，且课程号以 07 开头的课程号、课程名称和选修人数。按选修人数降序排列。

g. 查询选修了 5 门以上课程的学生学号。

h. 查询年龄大于女同学平均年龄的男同学姓名和年龄。

i. 查询 SC 表中最高分与最低分之差大于 20 分的课程号。

j. 查询平均成绩大于 75 分的课程的课程号、课程名、平均分。

k. 查询期末考试平均分排名前 10％的学生，输出学号和平均分。

l. 查询教师人数最多的前 3 个院系，输出院系和教师人数。

m. 查询全校老师和学生的姓名，输出姓名和类别两列（类别中显示教师或学生），结果按类别排序。

n. 用集合查询实现同时讲授过 07294003 和 07295007 两门课的老师的工号。

o. 用集合查询实现教师表中职称不是教授的老师的详情。

（2）按要求完成实验报告。

三、实验过程指导

在实验二所创建的"TM"数据库中合理设计以下各表结构。

预备知识

① 对表进行查询时,经常需要对结果进行计算或统计。例如在 TM 数据库中,统计学生表中学生总人数,统计某门课程的平均成绩等。T-SQL 提供了一些聚集函数,用来增强查询的功能。聚集函数用于计算表中的数据,返回单个计算结果。常用的聚集函数有:

➤ 计数(常用于统计记录数)
　　COUNT([DISTINCT|ALL] *)
　　COUNT([DISTINCT|ALL] <列名>)
➤ 计算总和
　　SUM([DISTINCT|ALL] <列名>)
➤ 计算平均值
　　AVG([DISTINCT|ALL] <列名>)
➤ 最大最小值
　　MAX([DISTINCT|ALL] <列名>)
　　MIN([DISTINCT|ALL] <列名>)

以上除 COUNT 函数之外,其他聚集函数忽略空值。

利用这些聚集函数,可以查询一些统计信息。例如:

```
/* 查询 06 系学生的总人数 */
SELECT   COUNT(*) 总人数 FROM STUDENT
WHERE DEPT_ID='06';
/* 查询 07253001 课程的平均成绩 */
SELECT   AVG(EXAM_Grade) FROM SC
WHERE   C_ID='07253001';
/* 查询学生 10060119 获得的奖学金总额 */
SELECT   SUM(Reward) FROM Award
WHERE S_ID='10060119';
/* 查询 07253001 课程的最低成绩 */
SELECT   MIN(EXAM_Grade) FROM SC
WHERE   C_ID='07253001';
```

② 实际应用中,经常需要将查询结果进行分组,然后再对每个分组进行统计。SQL 命令中提供了 GROUP BY 子句和 HAVING 子句来实现分组统计。GROUP BY 子句用于将查询结果按某一列或多列值进行分组,值相等的为一组。对查询结果分组的主要目的是细化聚集函数的作用对象,未对查询结果分组,聚集函数将作用于整个查询结果,也就是查询结果返回单个值。而对查询结果分组后,聚集函数将分别作用于每个组,查询结果返回多个值。HAVING 子句和 GROUP BY 子句配合使用,用于从分组中选择满足条件的组。

注意:使用 GROUP BY 子句时,SELECT 后面的输出列,必须出现在聚集函数中或者分组字段中,否则 SQL SERVER 将返回错误信息:

"选择列表中的列'表名.列名'无效,因为该列没有包含在聚合函数或 GROUP BY 子句中"。GROUP BY 子句的格式为:

[GROUP BY [ALL] <分组表达式 1>[,...分组表达式 n]]
　　[WITH {CUBE|ROLLUP}]

其中,分组表达式用于分组,通常包含字段名。指定 ALL 将显示所有组。WITH 指定 CUBE 或 ROLLUP 操作符,CUBE 或 ROLLUP 与聚集函数一起使用,在查询结果中增加附加记录。例如:

```
/*查询每门课的选修人数,按选修人数降序显示*/
SELECT  C_ID, COUNT(*)选修人数 FROM  SC
GROUP BY C_ID ORDER BY 选修人数 DESC;
/*查询学生表中每个系男生和女生的人数,按系和人数升序显示*/
SELECT  DEPT_ID,Gender, COUNT(*)人数 FROM  STUDENT
GROUP BY DEPT_ID, Gender
ORDER BY DEPT_ID, Gender;
/*查询选修 5 门以上课程的学生*/
SELECT S_ID  FROM  SC
GROUP BY S_ID
HAVING  COUNT(*)>5;
/*查询考试成绩最高分和最低分之差大于 40 分的课程号*/
SELECT C_ID FROM  SC
GROUP BY C_ID
HAVING  MAX(EXAM_Grade)-MIN(EXAM_Grade)>40;
```

比较一下 GROUP BY 子句带[WITH {CUBE|ROLLUP}]参数的执行结果。例如:

```
/*查询 TM 数据库中 Student 表中各院系男生和女生的总人数*/
SELECT DEPT_ID, Gender,COUNT(*)人数
FROM STUDENT
GROUP BY DEPT_ID, Gender;
```

语句执行的结果如图 6-1 所示。

带 WITH ROLLUP 或者 WITH CUBE 子句的执行结果

```
SELECT DEPT_ID, Gender,COUNT(*)人数
FROM STUDENT
GROUP BY DEPT_ID, Gender
WITH  ROLLUP;
```

语句执行的结果如图 6-2 所示。

```
SELECT DEPT_ID, Gender,COUNT( * )人数
FROM STUDENT
GROUP BY DEPT_ID, Gender
WITH   CUBE;
```

语句执行的结果如图 6 - 3 所示。

图 6 - 1　查询结果　　　　图 6 - 2　查询结果　　　　图 6 - 3　查询结果

③ 可以使用 UNION 子句、INTERSECT 子句或者 EXCEPT 子句,将两个或多个
SELECT 查询的结果合并成一个结果集,集合操作的种类有:

并操作 UNION

➤ 交操作 INTERSECT

➤ 差操作 EXCEPT

参加集合操作的各查询结果的列数必须相同;对应项的数据类型也必须相同。

命令其格式为:

{<SELECT 查询语句>|(<SELECT 查询语句>|)}

UNION [ALL] | INTERSECT | EXCEPT <SELECT 查询语句> |(<SELECT
查询语句 >|)

关键字 ALL 表示合并的结果中包括所有行,不去除重复行,不使用 ALL 则在合并
的结果中去掉重复行。例如:

```
/ * 查询河南和山东的学生,按籍贯排序 * /
SELECT  *  FROM   student
WHERE Birth_Place=' 河南 '
UNION ALL
SELECT  *  FROM   student
WHERE Birth_Place=' 山东 '
ORDER BY Birth_Place;
/ * 查询非山东籍的学生,结果按系代号排序 * /
SELECT  *  FROM   student
EXCEPT
```

```
SELECT  *  FROM   student
WHERE Birth_Place='山东'
ORDER BY DEPT_ID;
```

实验步骤

① 在 SQL Server Management Studio 中新建查询。

② 针对查询要求,在 SQL 编辑器中输入相应的命令并调试,在 SQL 编辑器中选择以网格显示或以文本方式显示查询结果。

③ 在"查询"菜单中选择"显示估计的执行计划"、"包括实际的执行计划"和"包括客户端统计信息",观察相应的结果。

四、实验报告要求

(1) 将调试成功的 T-SQL 语句写在题目的下方。

(2) 实验思考题:

① SELECT 命令中,HAVING 子句和 WHERE 子句表示的筛选条件有何不同?

② 使用 GROUP BY(分组条件)子句后,语句中的统计函数的运行结果有什么不同?

③ 组合查询是否能用其他语句代替? 有何不同?

④ 用 UNION(或 UNION ALL)进行组合查询时,有哪些基本规则?

实验七　视图与索引实验

一、实验目的

（1）理解视图的概念、与数据表的区别及其优点；基于 SQL Server 2005，掌握分别使用 SQL Server Management Studio 图形界面和 Transact - SQL 语句创建和管理简单视图的方法；掌握在视图中查询、更新数据的方法。

（2）理解聚集索引、非聚集索引和唯一索引；基于 SQL Server 2005，掌握分别使用 SQL Server Management Studio 图形界面和 Transact - SQL 语句创建和管理索引的方法。

二、实验要求

基本实验：

（1）使用 SQL Server Management Studio 图形工具在"TM"数据库中创建指定视图；使用 SQL Server Management Studio 图形工具修改、删除已创建视图。

（2）使用 Transact - SQL 语句在"TM"数据库中创建指定视图；使用 Transact - SQL 语句修改、删除已创建视图；了解在视图中增加、更新或删除数据的限制。

（3）使用 SQL Server Management Studio 图形工具在"TM"数据库中为相关表创建索引；使用 SQL Server Management Studio 图形工具重命名、删除已创建的索引。

（4）使用 Transact - SQL 语句在"TM"数据库中为相关表创建索引；使用 Transact - SQL 语句更名、删除已创建的索引；了解 SQL Server 2005 中分析与维护索引的系统选项和相关工具。

（5）按要求完成实验报告。

扩展实验：

（1）根据"TM"中的已有数据表，合理设计反映某个方面信息的若干视图，说明创建这些视图的理由。

（2）查找相关资料，学习在 SQL Server 中创建索引视图的方法及限制，在"TM"中创建一个索引视图。

三、实验过程指导

（1）使用 SQL Server Management Studio 图形工具在"TM"数据库中创建指定视图；使用 SQL Server Management Studio 图形工具修改、删除已创建视图。

预备知识：

① 简单地说，"视图"就是保存在数据库中的一种查询，它是一个查看数据的窗口，是

从一个数据表(单表查询)或多个数据表(多表连接查询)中派生出来的虚拟表,是从用户角度观察数据的一种方式。视图本身没有存储实际物理数据,只存储视图的定义,实际存储数据的表称为基本表,视图根据本身定义的查询动态引用基本表中的数据,当基本表中的数据发生改变时,视图中数据也相应发生变化,视图实际上是一个查询的结果。

定义并使用视图进行数据访问,有以下几个方面的优点:

- 充当过滤器,保护敏感数据,并可使用户专注于所感兴趣的数据上。很多数据库系统的数据表结构在设计阶段必须综合考虑全局数据存储需求,经过规范化和集成设计后,可能出现基本数据表中存储的数据信息与多种用户分别相关,而某一用户并不需要甚至不应该能访问基本表中的全部数据,这时就可以利用视图为不同的用户定义不同的数据访问"窗口",合理设置视图的访问权限,从而实现数据的安全性保护。
- 减少复杂性,简化数据查询。SQL功能丰富,可完成非常复杂的数据查询,将一批常用的复杂数据查询以视图的方式存储下来,可以实现查询复用,以后再访问相关数据时,用户可直接将视图视为一个数据表,很好地简化了数据查询的过程。
- 实现数据库的逻辑数据独立性。当用户端只通过视图查询数据时,若视图依赖的基本表结构发生变化(如字段名发生改变),只需要修改视图中所存储的查询的定义,而此种修改对于用户端是透明的,即用户端不用做任何改变。

② 创建视图需数据库所有者授予创建视图的权限,并对视图定义中所引用的任何数据库对象(如数据表、视图等)有适当权限。特别注意视图的命名必须遵循标识符规则,不能和已存在的其他任何一张表名称相同。为了正确区分数据库中的表与视图,在命名时,可在定义时为视图名称加上合理的前缀或后缀,如下例中将使用的"vw_"前缀。当然也可以通过不加前后缀而达到隐藏视图与表的区别的目的(一般不建议)。

实验步骤:

① 在 SQL Server Management Studio 对象资源管理器中,依次展开数据库服务器→"数据库"→"TM",右键单击"视图",如图 7-1 所示。

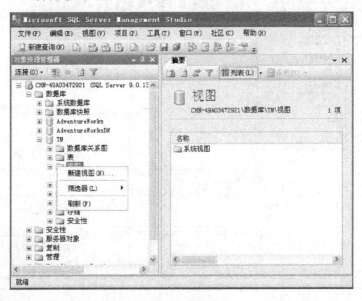

图 7-1　新建视图

② 选取"新建视图",弹出"添加表"对话框,如图 7-2(a)所示,可在对话框中选取定义视图所需引用的表或视图等。本例中添加"Student"、"SC"、"Course"三张表,添加完成后,点击"关闭"按钮,关闭对话框,在 SQL Server Management Studio 界面右侧"视图-dbo. View_1"设计/编辑页上可以看到上步所添加的表和表间的连接,如图 7-2(b)所示。

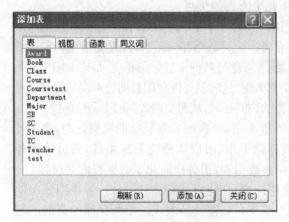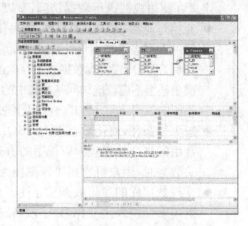

(a) 创建视图"添加表"对话框　　　　　(b) 创建视图"视图设计/编辑"页

图 7-2　创建视图

③ "视图设计/编辑"页默认情况下包含"关系图"、"条件"、"SQL"、"结果"四个窗格,如图 7-3 所示。可以在"视图设计/编辑"页上右击打开快捷菜单,在"窗格"中选择打开/关闭某一个窗格。

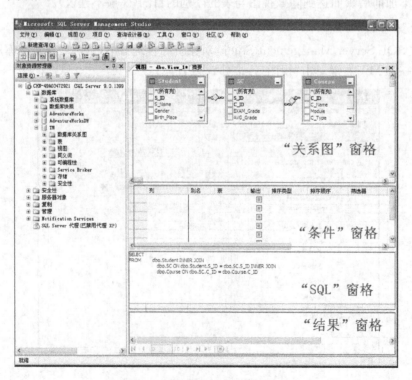

图 7-3　"视图设计/编辑"页窗格

④ 单击"关系图"窗格中的表字段前复选框,在"条件"窗格中会出现相应的字段,在"SQL"窗格中的 SQL 查询语句 SELECT 部分会出现相应字段名称,表示视图中引用这些字段的数据。

"条件"窗格是一个图形化的查询编辑器:

● "别名"列可以改变关联数据字段在视图中的名称。

● "输出"列中的复选框用于确定该关联字段数据是否是视图的输出数据,应注意有些字段只是用于定义视图的查询条件,并不作为视图的数据字段返回。

● "排序类型"列用于指定字段是否采用"升序"、"降序"或"未排序"。

● "排序顺序"列用于指定本字段对视图结果集进行排序时的优先级顺序,例如设定为 2,表示本字段为第二顺序排序字段,当结果集中两行数据的第一顺序排序字段取值相同时,按本字段取值排序。

● "筛选器"列为所关联的字段指定搜索条件,本部分用于指定运算符(默认为"=")和相比较的值,注意 SQL 中字符串文本要使用单引号括起来。

● "或"列指定数据字段的附加查询条件表达式(使用 OR 连接到前述查询表达中),最右边的"或"列中按 Tab 键可以增加更多的"或"网格列。

例如定义一个显示学生姓名、修学课程相关信息的视图的"条件"窗格设计可如图 7-4 所示,注意其中字符串"必修"的前缀 N 用于表示 Unicode 字符串常量。

列	别名	表	输出	排序类型	排序顺序	筛选器	或...	或...
S_ID	学号	Student	☑	升序	1			
S_Name	姓名	Student	☑					
C_Name	课程名	Course	☑	降序	2			
Module	所属模块	Course	☑					
C_Type	课程类型	Course	☑			= N'必修'		
EXAM_Grade	考试成绩	SC	☑			IS NOT NULL		
AVG_Grade	平时成绩	SC	☑			IS NOT NULL		
			☐					

图 7-4　学生学习情况视图的设计

按照你的理解设计学生学习情况视图,可参考图 7-4 的设计,并说明该视图完成的查询功能是什么。

⑤ 完成学生学习情况视图设计后,单击工具栏中的"执行 SQL"按钮,如图 7-5 所示,可以在"结果"窗格中查看视图中所定义查询的返回结果,该视图代表着由这些数据所组成的一个虚表。

⑥ 完成视图设计后,单击常用工具栏中的"保存"按钮,在弹出的保存视图对话框中输入视图名称,如"vw_sc_info",并确认保存。可以在"对象资源管理器"中依次展开"数据库"→"TM"→"视图",可以看见刚保存的视图对象。关闭"视图设计/编辑"页。

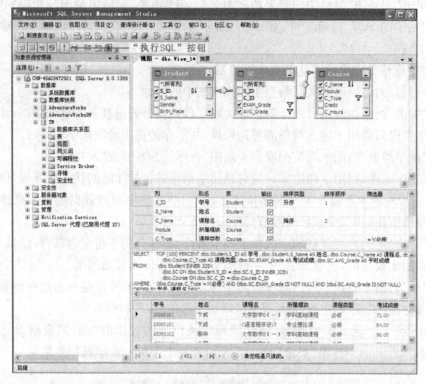

图 7-5   执行视图中定义的查询

⑦ 修改刚创建保存的视图与创建视图的过程十分类似。在"对象资源管理器"中依次展开"数据库"→"TM"→"视图",右击刚保存好的视图(如 vw_sc_info),在弹出的快捷菜单中选取"修改",打开"视图- dbo. vw_sc_info"编辑页,在"条件"窗格中最后一行增加一个计算字段"课程总评"(SC.EXAM_Grade * 0.6 + SC.AVG_Grade * 0.4),并指定该字段为第二顺序排序字段,如图 7-6 所示。

列	别名	表	输出	排序类型	排序顺序	筛选器
S_ID	学号	Student	☑	升序	1	
S_Name	姓名	Student	☑			
C_Name	课程名	Course	☑	降序	3	
Module	所属模块	Course	☑			
C_Type	课程类型	Course	☑			= N'必修'
EXAM_Grade	考试成绩	SC	☑			IS NOT NULL
AVG_Grade	平时成绩	SC	☑			IS NOT NULL
SC.EXAM_Grade * 0.6 + SC.AVG_Grade * 0.4	课程总评		☑	降序	2	
			☐			

图 7-6   在视图中增加"课程"总评

⑧ 执行修改后的视图中查询,查看执行结果,保存并关闭视图设计/编辑页。

⑨ 删除已保存视图。在"对象资源管理器"中依次展开"数据库"→"TM"→"视图",右击刚保存好的视图(如 vw_sc_info),在弹出的快捷菜单中选取"删除",在弹出的"删除对象"对话框确认删除对象是否准确,确认后,单击"确定"删除。

⑩ 在"TM"数据库中使用图形工具合理设计满足以下要求的视图。

● 请合理设计反映某一个学生群体(如男生或女生,某一籍贯学生或某一学院学生)

　　详细情况的视图(vw_student_details),要求视图中包含学生的基本信息以及所
在学院、专业和班级等信息,合理设置排序字段和行筛选条件(如果设计中需要进
行结果集筛选)。

　　(2) 使用 Transact-SQL 语句在"TM"数据库中创建指定视图;使用 Transact-SQL
语句修改、删除已创建视图;了解在视图中增加、更新或删除数据。

　　预备知识:

　　① Transact-SQL 创建视图的基本语法如下:

　　CREATE VIEW　＜视图名＞[(＜字段名＞[,...n])]

　　[WITH ENCRYPTION]

　　AS

　　＜select 语句＞[;]

　　[WITH CHECK OPTION]

　　各参数及关键字说明如下:

- 视图名:用于指定视图的名称。
- 字段名:用于定义视图("虚表")中的字段名称,如不指定,则视图将获得与视图定义中查询部分的 SELECT 语句中的字段相同的名称,一般只在下列情况需要为视图定义字段名:字段是从算术表达式、函数或常量派生的;两个或更多的字段具有相同的名称(通常是由于连接的原因);指定视图中的某个字段的名称不同于其派生来源字段的名称。注意也可以在 SELECT 语句部分为视图指定列名。
- WITH ENCRYPTION:在设计商业软件产品时,可能需要保护视图设计中的查询源代码,使用该选项,可以对视图定义的语句文本进行加密。经加密后的代码非常安全,但应注意保存视图设计的源代码,因为视图被加密后,就没有方法可以取回源代码了。若没有另行保存源代码,则需要对该视图进行部分修改时,将需要重写全部代码。
- WITHCHECK OPTION:该选项强制所有针对视图执行的数据修改语句所提交的数据必须符合在 SELECT 语句中设置的条件,即通过视图修改数据时,所提交的数据行一定可以在该视图中看到。视图定义中的 WITH CHECK OPTION 选项使只有满足某种条件的更新或插入数据才可以通过视图操作进入基本表中。

　　创建一个男生详细信息视图的 T-SQL 语句示例如下:

```
CREATE VIEW vw_student_male_details
WITH    ENCRYPTION
AS
SELECT DEPT_Name, MAJ_Name, Class_Name, S_ID, S_Name,
                 Gender, Birth_Place, Date_of_Birth, Nationality
FROM Class INNER JOIN Major ON Class. MAJ_ID = Major. MAJ_ID
        INNER JOIN (Student INNER JOIN Department ON Student. DEPT_ID
        = Department. DEPT_ID) ON Class. Class_ID = Student. Class_ID
WHERE (Student. Gender = N'男')
```

注意该视图定义中使用了"WITH ENCRYPTION"选项,试一试能否使用图形工具修改该视图定义。

② 视图是一个虚拟表,与真实存储的数据表一样,它包含若干字段与若干行数据。虽然视图的功能很像一张基本数据表,在视图上查询不受任何限制,但对视图进行增、删、改(INSERT、DELETE、UPDATE)操作时需特别注意相关的限制条件。 SQL Server 2005 中对视图的更新操作有一定的限制:

* 基于多表连接查询的视图,在大多数情况下并不能插入或删除数据(除非为该视图定义相应的 INSTEAD OF 触发器,关于 INSTEAD OF 触发器,本节不涉及);有些情况下(如只更新单张表中的列值),可以进行 UPDATE 操作,但必须满足一定要求。
* 基于单个表查询的视图,可以进行更新操作。但应注意,由于视图可能只引用了基本表的部分字段,视图更新时只能指定视图中所引用的字段,所以对于基本表中其他未引用字段必须定义了默认值或允许空值。
* 可更新视图的定义中不能包含 UNION、GROUP BY、DISTINCT 关键字。
* 可更新视图的定义中不能包含多字段值的组合形成的字段或者 AVG、SUM 或 MAX 等统计函数。

③ Transact - SQL 修改视图的基本语法如下:

ALTER VIEW   <视图名>[(<字段名>[,...n])]

[WITH ENCRYPTION]

AS

<select 语句>[;]

[WITH CHECK OPTION]

实际上 ALTER VIEW 语句的语法结构与 CREATE VIEW 语句的语法结构完全相同,但<视图名>必须是已存在的视图名。特别需要注意,使用 T - SQL 语句修改视图定义时,将会完全代替现有的视图,但修改视图与删除并重新创建视图的区别主要有两点:

* ALTER VIEW 会保留原视图上已建立的权限许可信息。
* ALTER VIEW 会保留所有相关的依赖信息。

如将上例中创建的男生详细信息视图修改为女生详细信息视图的 T - SQL 示例语句如下:

```
CREATE VIEW vw_student_male_details
WITH   ENCRYPTION
AS
SELECT DEPT_Name, MAJ_Name, Class_Name, S_ID, S_Name,
                Gender, Birth_Place, Date_of_Birth, Nationality
FROM Class INNER JOIN Major ON Class. MAJ_ID = Major. MAJ_ID
            INNER  JOIN (Student INNER JOIN Department ON Student. DEPT _ ID =
Department. DEPT_ID) ON Class. Class_ID = Student. Class_ID
WHERE    (Student. Gender = N'女')
```

思考如何将该修改过的视图重命名为"vw_student_female_details"。

④ Transact – SQL 删除视图的语法如下：

DROP VIEW <视图名>,[<视图名>,[…n]]

实验步骤：

① 基于你的理解，在"TM"数据库中合理设计如下视图：

● 教师授课详细信息视图(vw_TC_details)

● 选择"TM"数据库中的一张数据表，基于该表创建一个视图，并合理命名。

② 使用 SELECT 语句从你刚创建的视图中查询满足一定条件的数据，思考视图的优缺点。

③ 试着在你所创建的视图中增、删、改数据，思考在视图中更新数据的限制条件。

(3) 使用 SQL Server Management Studio 图形工具在"TM" 数据库中为相关表创建索引；使用 SQL Server Management Studio 图形工具重命名、删除已创建的索引。

预备知识：

① SQL Server 在广义上有两种查询并获取数据的检索机制：表扫描与索引机制。

表扫描是直接的数据检索，从表的首行记录的物理位置开始逐行查找每一条记录，若记录满足查询条件，就将其放到结果集中。通常表扫描对于从一张较小的表中检索数据时速度很快，但表单行记录存储大小和查询本身的特性将会使实际检索效率发生很大变化。

索引机制与图书馆中的图书索引类似，图书索引使用户可以通过图书名称、作者、出版号等关键信息直接获取相关图书的存放位置，检索一本图书时就不再需要将图书馆中所有的书都查找一遍。数据库中的索引以表字段为基础，对数据表中一个或多个字段的值进行排序，保存排序字段及相应记录行数据的物理存储位置，实现对数据表的逻辑排序。索引使数据引擎不用对整个表进行扫描就可以定位相关的记录，从而提高数据库性能。应注意：

● 索引的键可以是单个字段，也可以是包含多个字段的组合字段。SQL Server 2005 中，一般每个索引的键最多可包含 16 个字段。

● 创建与维护索引都需要占用一定的系统资源，所以虽然索引可以提高数据查询的速度，但没有必要为每个字段都建立索引。

② 从建立索引是否影响数据表中记录存放顺序的角度看，SQL Server 中有两种类型的索引：

● 聚集索引：聚集索引将表中的数据记录按索引的顺序进行物理排序存放，因为数据只能有一种实际的物理存储顺序，所以一个表只能创建一个聚集索引。

● 非聚集索引：非聚集索引不会影响表中数据记录的物理存储顺序，SQL Server 2005 中，每个表最多可以建 249 个非聚集索引和 1 个聚集索引。

③ 不论是聚集索引还是非聚集索引，如果不允许任意两条数据记录的索引键值重复，则称为唯一索引。只要字段取值是唯一的，就可以在表上创建一个唯一索引。注意：

● 创建 PRIMARY KEY 约束时，如果不存在该表的聚集索引且未指定唯一非聚集索引,则将自动创建唯一聚集索引。

- 在创建 UNIQUE 约束时,默认情况下将创建唯一非聚集索引,以确保该字段的唯一性。如果不存在该表的聚集索引,则也可以指定为创建唯一聚集索引。

④ 由于索引的创建与维护都以一定系统性能为代价,所以应根据数据使用特性合理创建索引,以提高数据访问效率。以下是一些创建索引的参考原则:

- 经常出现在连接条件中的外键字段可建立索引,可加快表间连接。
- 经常需要在指定范围内(如 BETWEEN、>、>=、<和<=)查询并返回值的字段可建立索引,这样查询时使用索引找到包含第一个值的行后,便可以快速找到索引中后续的行。
- 对经常在 WHERE 子句中引用的字段建立索引,这可以让这些经常参与查询的数据字段按索引的排序进行查询,从而提高查询性能。
- 对经常出现在 ORDER BY 和 GROUP BY 子句中的字段建立索引,可以使数据库引擎不必再对数据排序,从而提高查询性能。
- 应避免在频繁更改的字段上建立聚集索引,因为聚集索引按物理顺序存放行,更改将导致整行移动,系统维护代价高。
- 不要为值域较小的字段(如"性别"字段只可能取"男"、"女")建立索引,因为增加索引并不会显著提高数据查询的速度。
- 不要为数据类型为 text、image 等数据类型的字段建立索引,因为这些数据类型的字段数据量过大,并不利于索引。
- 在创建非聚集索引之前创建聚集索引,否则会导致重建索引。

⑤ 创建主键约束(PRIMARY KEY)和唯一约束(UNIQUE)时系统会自动建立隐含的索引,不需要用户在这些字段上重复建立索引,但这可能会导致用户依赖于这些系统已隐含的索引而淡化使用索引的概念。

实验步骤:

① 思考为数据库中数据表创建索引机制的优点与限制;仔细阅读创建索引的原则。

② 在"TM"数据库中为 Student 表的一个外键字段"Class_ID"创建一个索引,步骤如下:

a. 在 SQL Server Management Studio 对象资源管理器中,依次展开数据库服务器→"数据库"→"TM"→"表"→"dbo. Student",右击 Student 表下的"索引"项,如图 7-7 所示。在弹出的快捷菜单,选取"新建索引"。注意界面右侧"摘要"页中显示了当前表已创建的索引的信息,可以看见一个由于表中的主键约束而由系统默认创建的聚集索引"PK_Student_xxxxxxxx"。

b. 弹出的"新建索引"对话窗口中"选择页"部分默认选中的是"常规"页,在窗口右部则列出了 Student 表上创建索引的常规选项,包括索引名称、是否聚集索引、是否设置唯一索引、索引键列(即对哪个字段或哪些字段的组合键创建索引)等。在"索引名称"部分输入 ix_student_classid,选择"索引类型"为"非聚集"选项,如图 7-8 所示。思考这里可以选择创建"聚集"类型的索引吗?

图 7-7　新建索引

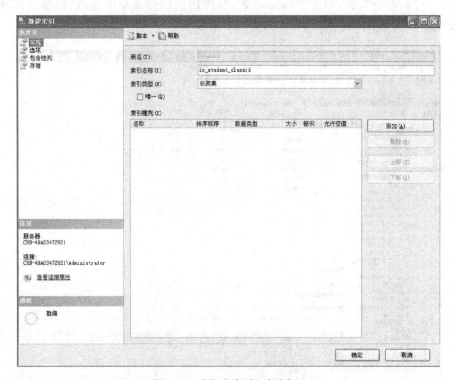

图 7-8　"新建索引"对话窗口

　　c. 单击"添加"按钮，在弹出的"从 dbo. Student 中选择列"对话框中，选择要创建索引的字段，可以选取多个，本例中选取"Class_ID"，如图 7-9 所示，单击"确定"。

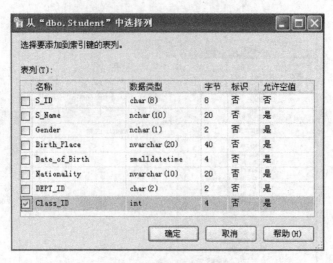

图 7-9　选取索引字段

d. 在"常规"页上单击确定,数据库引擎将完成索引的创建工作。

③ 为数据表创建索引的另一种方式。在"TM"数据库中为 Student 表的"S_NAME"字段(学生姓名,假定此字段经常出现在查询条件中)创建一个索引,步骤如下:

a. 在 SQL Server Management Studio 对象资源管理器中,依次展开数据库服务器→"数据库"→"TM"→"表",右击"Student"表,在弹出的快捷菜单中选取"修改",在界面右侧出现"表- dbo. Student"编辑页,如图 7-10 所示。

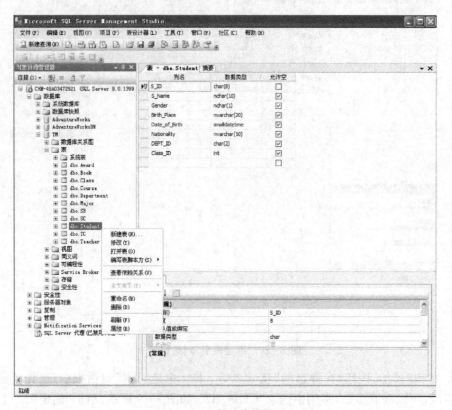

图 7-10　修改表界面图

　　b. 右击 Student 表编辑页中的任一字段,在弹出的快捷菜单中选择"索引/键"命令,弹出"索引/键"对话框,如图 7-11 所示,对话框中列出了 Student 表上已存在的键约束和索引。

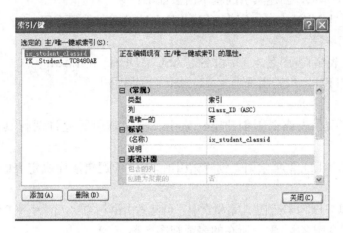

图 7-11 "索引/键"对话框

　　c. 在对话框中单击"添加"按钮,在右侧"(常规)"部分设置类型为"索引",该索引的"列"为"S_Name"(点击"列"行最后的选取按钮▥,在弹出的"索引列"对话框中选取 S_Name,并选择排序顺序为"升序"),索引标识(名称)为"ix_student_sname",如图 7-12 所示。设定完成后,单击"关闭"按钮,关闭"索引/键"对话框。

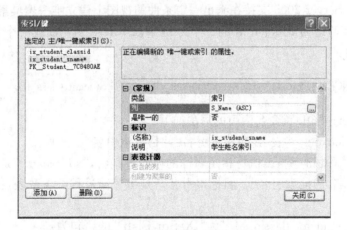

图 7-12 为"Student"表添加索引"ix_student_sname"

　　d. 单击常用工具栏中的"保存"按钮,数据库引擎将完成索引的创建工作。

　　④ 使用 SQL Server Management Studio 图形工具重命名、删除已建立索引的方法与创建索引的操作步骤相似,探索重命名 Student 表上索引"ix_student_classid"和"ix_student_sname"的方法。探索删除 Student 表上索引"ix_student_classid"和"ix_student_sname"的方法。

　　(4) 使用 Transact-SQL 语句在"TM"数据库中为相关表创建索引;使用 Transact-SQL 语句删除已创建的索引;了解 SQL Server 2005 中分析与维护索引的系统选项和相

关工具。

预备知识：

① Transact - SQL 创建索引的基本语法如下：

CREATE［UNIQUE］［CLUSTERED | NONCLUSTERED］

INDEX 索引名称

　　ON＜表名|视图名＞（字段名［ASC | DESC］［…n］）

　　　［WITH（＜索引选项＞［…n］）］［；］

其中：

- UNIQUE：为表或视图创建唯一索引。唯一索引不允许两行具有相同的索引键值。
- CLUSTERED：聚集索引。创建索引时，键值的逻辑顺序决定表中对应行的物理顺序。
- NONCLUSTERED：创建非聚集索引。创建索引语句的默认值为 NONCLUSTERED。
- ＜表名|视图名＞：索引所在的表或视图名称。
- 字段名：索引键列所包括的字段，可以是多个，并为每个字段指定升序（ASC）或降序（DESC）。
- ＜索引选项＞：该部分可指定一个或多个创建索引的属性选项，如"DROP_EXISTING"选项用于指定在建成新索引之前删除与所指定索引名相同的现有索引。

注意：SQL Server 2005 支持在满足一定条件的视图上建立唯一聚集索引。

例如前述实验中为 Student 表的一个外键字段"Class_ID"创建一个非聚集索引的 T - SQL 语句为：

```
CREATE   NONCLUSTERED INDEX   ix_student_classid ON Student(Class_ID)
```

② Transact - SQL 重命名索引的语法如下：

EXEC sp_rename　'表名.当前索引名','目标索引名'

其中"EXEC"关键字指出执行指定名称的存储过程名，"sp_rename"是系统中的一个存储过程，"'表名.当前索引名','目标索引名'"是该存储过程的参数表，各参数使用","分隔。

例如将"ix_student_classid"更名为"IX_Stu_ClsID"的语句为：

```
EXEC sp_rename 'Student.ix_student_classid','IX_Stu_ClsID'
```

③ Transact - SQL 删除索引的语法如下：

DROP INDEX ＜表名＞.＜索引名＞

DROP INDEX 语句不适用于通过定义 PRIMARY KEY 或 UNIQUE 约束隐含创建的索引，也无法适用于系统表上的索引。在执行 DROP INDEX 后，将重新获得以前由索引占用的所有空间。这些空间随后可用于任何数据库对象。

例如删除索引"IX_Stu_ClsID"的 T - SQL 语句为：

```
DROP INDEX   Student. IX_Stu_ClsID
```

④ 数据库是一个长期工作的产品,维护是数据库工作的一个重要内容。从索引的角度来看,建立索引的目的是提高数据检索速度,所以建立索引后应注意分析索引性能。

在 SQL Server 中设置 SHOWPLAN_ALL 选项可以使 SQL Server 不执行 T-SQL 语句,而是返回有关语句执行计划的详细信息,并估计语句对资源的需求。试试执行下列 T-SQL 语句,查看执行后"结果"信息。

```
USE TM
GO
SET SHOWPLAN_ALL ON
GO
SELECT ＊ FROM Student WHERE S_Name ＝'林巧思'
GO
SET SHOWPLAN_ALL OFF
GO
```

试着将前述实验中建立的 Student 表上的索引"ix_student_sname",改为唯一非聚集索引,再次执行上面的 T-SQL 语句,看看执行计划有什么改变。

STATISTICS IO 选项显示有关由 Transact-SQL 语句生成的磁盘 IO 活动量的信息。试试下列 T-SQL 语句,查看执行后的"消息"。

```
USE TM;
GO
SET STATISTICS IO ON;
GO
SELECT ＊
FROM Student JOIN SC ON Student. S_ID＝SC. S_ID JOIN Course ON
SC. C_ID＝Course. C_ID
GO
SET STATISTICS IO OFF;
GO
```

业务数据库在使用过程中会不断增加和删除数据,一系列数据库上的操作将使数据变得无序并产生碎片,造成索引性能下降和存储空间浪费。SQL Server 提供了 DBCC SHOWCONTIG 命令用于显示指定的表的数据和索引的碎片信息。试试运行下列 T-SQL 语句,查看执行后的"消息"。

```
USE TM
GO
DBCC SHOWCONTIG(Student,ix_student_sname)
GO
```

　　SQL Server 提供了 DBCC INDEXDEFRAG 命令用于对指定表或索引视图进行索引碎片整理。试试运行下列 T-SQL 语句,查看执行后的"消息"。

```
USE TM
GO
DBCC INDEXDEFRAG(TM,Student,ix_student_sname)
GO
```

实验步骤：

　　① 根据你对"TM"数据库中各表数据使用特性的理解,使用 T-SQL 语句在"TM"中合理的建立一些索引。

　　② 练习使用 T-SQL 语句更改和删除索引的方法。

　　③ 试一试预备知识部分所述分析与维护索引的系统选项和相关命令。使用联机丛书学习 DBCC DBREINDEX 命令的使用方法。

四、实验报告要求

　　(1) 根据实验过程,简要总结并适当举例说明"视图"的概念、主要优点和限制。

　　(2) 根据自己的理解,合理设计反映某一个学生群体(如男生或女生,某一籍贯学生或某一学院学生)详细情况的视图(vw_student_details),要求视图中包含学生的基本信息以及所在学院、专业和班级等信息,合理设置排序字段和行筛选条件。说明使用图形工具创建该视图的过程及结果(视图返回部分数据的截图)。

　　(3) 根据实验要求,写出创建教师授课详细信息视图(vw_TC_details)及你所选择创建的基于单张表的视图所使用的 T-SQL 语句;写出在你创建的视图上查询数据的 T-SQL 查询语句及结果,并简要总结在视图中更新数据的限制条件。

　　(4) 简要总结聚集索引和非聚集索引的不同点及使用限制。说明根据你对"TM"数据库中各表数据使用特性的理解而在"TM"中所创建的索引,写出创建索引使用的 T-SQL 语句及创建该索引的理由。

　　(5) 根据学习情况,尝试完成本实验中扩展实验部分,并在实验报告中对实验做出总结。

实验八 SQL Server 2005 基础管理实验

一、实验目的

(1) 了解 SQL Server 2005 主要数据库对象；理解主要数据库对象的概念和功能。

(2) 掌握数据库关系图的创建及其编辑界面的使用方法。

(3) 掌握默认值对象、规则对象的创建与管理方法。

(4) 理解 SQL Server 对象的完整限定名。

(5) 理解 SQL Server 验证模式；理解 SQL Server 2005 中数据库安全相关的重要数据库对象的概念与功能；掌握创建登录名、数据库用户、用户自定义角色的方法。

(6) 理解 SQL Server 2005 用户权限；掌握数据库用户权限的设置方法。

二、实验要求

基础实验：

(1) 查看数据库中的主要对象。在"TM"数据库中创建指定的数据库关系图；在"TM"数据库中创建合理的规则和默认值对象；使用完整限定名访问"TM"数据库中对象。

(2) 改变当前数据库系统的验证模式；使用 SQL Server Management Studio 图形界面创建指定的服务器登录名；在"TM"数据库中创建指定的用户；创建指定的角色，合理设计角色的权限，并指定角色成员；按要求为数据库用户或角色指定用户权限。

(3) 按要求完成实验报告。

扩展实验：

(1) 探索使用 T - SQL 语句创建登录名的方法。提示：查询 SQL Server 联机丛书，找出使用存储过程 sp_addlogin、sp_adduser 的使用方法。

(2) 探索使用 T - SQL 语句创建数据库用户的方法。提示：查询 SQL Server 联机丛书，找出 CREATE USER 语句、存储过程 sp_grantdbaccess 使用方法。

(3) 探索使用 T - SQL 语句创建数据库角色及为角色指定用户的方法。提示：查询 SQL Server 联机丛书，找出 GRANT（授予权限）、DENY（拒绝权限）或 REVOKE（撤销权限）语句的使用方法；找出存储过程 sp_addrolemember 、sp_droprolemember、sp_droprole 的使用方法。

(4) 探索在数据库中创建和使用应用程序角色的方法，思考应用程序角色的用途。提示：应用程序角色的使用步骤：

a. 在某个数据库（如"TM"）中创建"应用程序角色"，设置角色名称和密码，为该角色授予一些权限(如读取 Student 表的权限)。

　　b. 登录并连接数据库服务器(如使用"登录名"登录到数据库服务器)。

　　c. 在该连接中执行 sp_setapprole 存储过程,此时,连接将失去用户权限,而获得应用程序角色权限(尝试是否具有了为该应用程序角色指定的权限)。

三、实验过程指导

　　(1) 查看数据库中的主要对象。在"TM"数据库中创建指定的数据库关系图;在"TM"数据库中创建合理的规则和默认值对象;使用完整限定名访问"TM"数据库中对象。

　　预备知识:

　　① SQL Server 2005 中包括了许多类型的数据库对象,在 SQL Server Management Studio"对象资源管理器"的树型结构中可以查看到这些数据库对象,一个部分展开的对象资源管理器如图 8-1 所示。

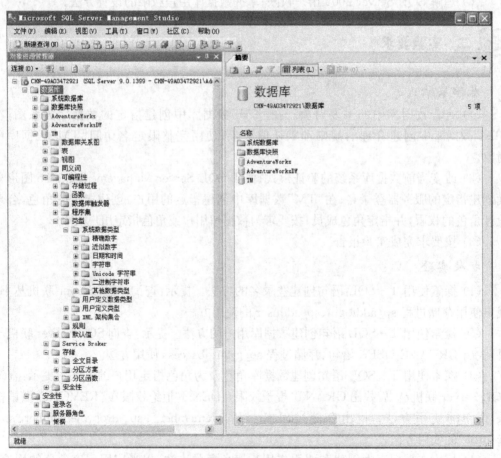

图 8-1　在"对象资源管理器"中浏览数据库对象

这些对象大致包括：

- 数据库：这是 SQL Server 中最高层次对象（技术上看，数据库服务器在对象树的最顶层），其他大部分对象（并非全部对象）都可以视为数据库对象的子对象。数据库至少包含一组数据"表"对象，其他对象（如视图、存储过程、函数等）通常是存储在数据库表中的特定数据。一个用户数据库中统一存放着一批明显相关的数据，一个数据库服务器上可以有若干个用户数据库。一个 SQL Server 服务器上部署用户数据库的数量取决于物理服务器的硬件能力和对系统安全性的考量，但应注意 SQL Server 2005 提供在一台物理服务器上创建和管理多个 SQL Server 实例的能力，每一个 SQL Server 实例可以独立管理和分别登录，即逻辑上独立的数据库服务器。

- 数据库快照：数据库快照是 SQL Server 2005 新增的功能之一，快照是数据库（源数据库）的只读、静态视图，数据库快照提供了一个把数据库回复到某一特定时点的有效途径，可用于报表和在必要时恢复数据库至快照创建时状态，避免管理和操作失误带来的影响。数据库快照工作在数据库页级，它不是对数据库的某个时点内容的简单复制，而是存放了那些快照创建后发生变化的数据库页在快造创建时刻的页内容（变化前的内容），并不存放那些没有发生变化的数据库页。创建快照后，修改源数据库页时，将首先复制源数据库中的原始页到快照，称为"写入时复制"，快照将保留快照创建时的源数据库原始页，即快照创建后，若源数据库有数据库页首次发生变化，就在变化前将页保存到数据库快照，该页此后的更新不会影响快照内容，快照将保留自创建快照后发生变化的那些页的原始页（快照创建时的页内容），所以快照最大将增长到快照创建时相应的源数据库文件的大小。只可以通过 T－SQL 语句创建数据库快照。

- 表：表是数据库的基本对象，它包含着数据库中所有数据，表由行和列数据组成，行代表记录，列代表字段。表的定义是存储在系统表中的元数据（关于数据的描述信息），元数据描述了表所包含的数据的特性，如列中能保存何种数据及数据有何完整性约束条件等。

- 数据库关系图：数据库关系图是数据库设计的图形化表示，以帮助用户快速形象化理解数据库的结构，并且在数据库关系图中还可以创建和修改表、表中字段、表中的键、索引和完整性约束等。下面以在"TM"数据库中创建数据库关系图为例说明其创建步骤：

  a. 使用 SQL Server Management Studio 连接到数据库服务器后，在"对象资源管理器"中依次展开"数据库"→"TM"，右击"数据库关系图"，在弹出的快捷菜单中，选取"新建数据库关系图"。如图 8－2 所示。

  b. 弹出的"添加表"对话框中，选择并添加"Student"、"Course"、"SC"、"Teacher"、"TC"和"Class"表，点击"关闭"按钮，关闭对话框，刚才添加的 6 张表已出现在"关系图…"编辑页中，如图 8－3 所示。在关系图中，每张表拥有自己的窗格，可以拖动改变其位置，主键左边显示有一个"钥匙"形状的键符号。

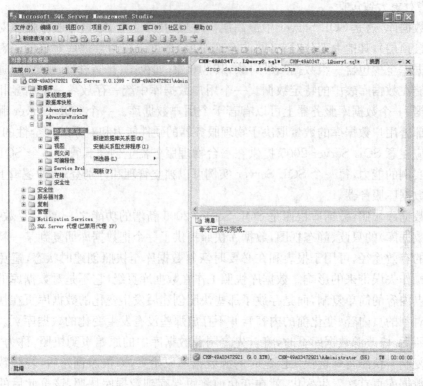

图 8-2　新建数据库关系图

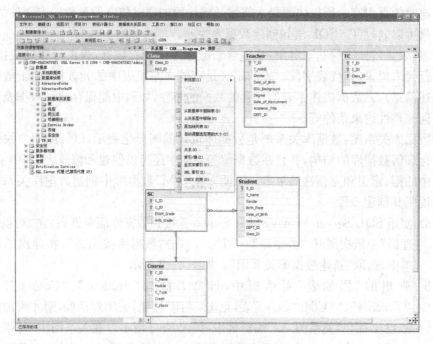

图 8-3　数据库关系图编辑页

c. 数据库关系图中在各表间显示的联系类型是外键约束所表示的"一对多"联系,联系线∞━━━━━○α中"钥匙"⬥一侧代表联系的"一"端(主键表),而"∞"符号一侧代表"多"端(外键表)。为"TC"表"T_ID"字段新建一个外键约束,使该字段参照"Teacher"表"T_ID"字段,可以将"TC"表"T_ID"字段拖放(左键点击后按住不放)到"Teacher"表"T_ID"字段上,在弹出的"表和列"对话框中确认,主键表为"Teacher",参照字段为"T_ID",关系名可以修改为"FK_TC_Teacher_TID",如图 8-4 所示。

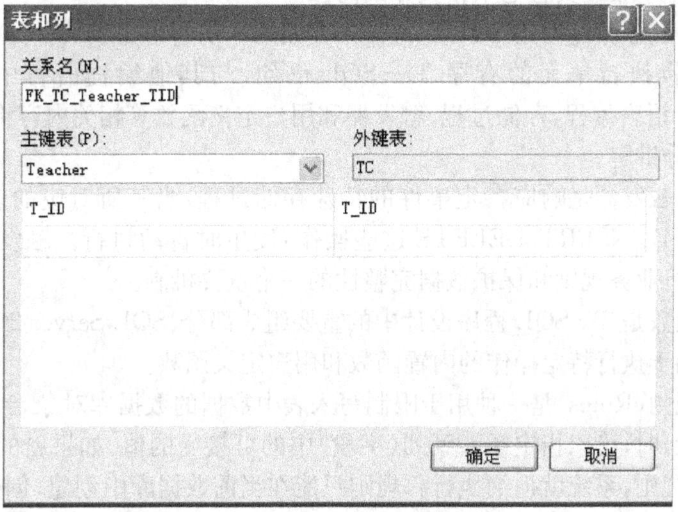

图 8-4　设定主外键参照关系

d. 点击"确定"按钮,在"外键关系"对话框(如图 8-5)中点击"确定"按钮,系统会完成外键约束的创建工作,并体现在数据库关系图中。

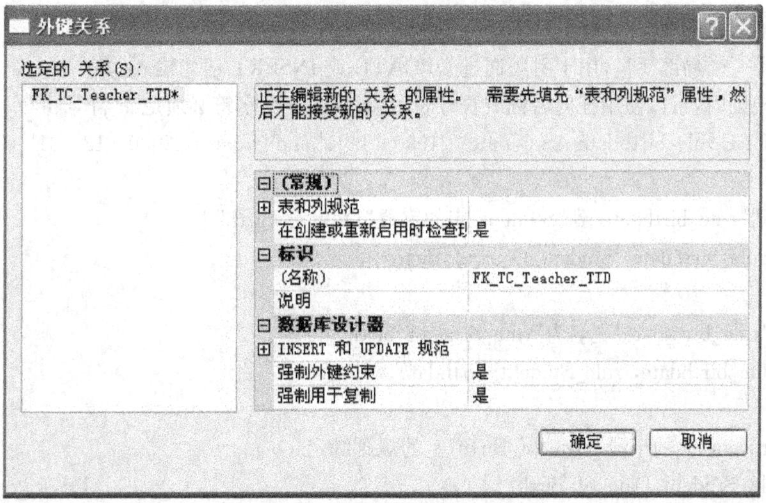

图 8-5　"外键关系"对话框

  e. 在数据库关系图界面中还可以右击各个表窗格,并在弹出的快捷菜单中选取相应命令项,对表进行操作,如删除表、编辑索引/键等。如果需要向关系图中添加其他表,可以右击编辑页窗口空白处,在弹出的捷菜单中选取"添加表"。

  f. 完成对数据库关系图的编辑后,单击常用工具栏上"保存"按钮,在弹出的"选择名称"对话框中输入数据库关系图的名称,单击"确定"按钮保存,以后可以随时查看数据库关系图了解数据库中表结构及表间主外键参照关系。

- 视图:视图是虚拟表,本身不包含任何数据,通常可以把视图当作表使用。关于视图可参考本教程实验七中相关详细内容。
- 存储过程:存储过程是 SQL Server 中存储的一系列为完成某一目标功能,而被捆绑成逻辑执行单元的有序 T - SQL 语句,与其他编程语言中的过程相似。T - SQL语言编程、存储过程、触发器和用户定义函数等相关内容将在本教程后续实验部分讲解。
- 触发器:触发器是响应特定事件的特殊存储过程,当其所对应的表修改事件(如 UPDATE、INSERT、DELETE 这些操作)发生时自动执行。触发器是数据库中强制执行业务规则和保护数据完整性的一个重要机制。
- 函数:函数是 T - SQL 程序设计中的重要组成部分,SQL Server 2005 中函数分为两类:用于执行特定操作的内置函数和用户定义函数。
- 规则:规则(Rules)是一种用于限制写入表中数据的数据库对象,当将规则绑定到列(字段)时,可以指定插入到列(字段)中的可接受的值,如果新的或插入的数据违反了规则,系统就拒绝执行。规则只能在当前数据库中创建,创建规则后,可使用存储过程 sp_bindrule 将规则绑定到列(字段)上;使用存储过程 sp_unbindrule 从列(字段)取消绑定规则;使用存储过程 sp_rename 重命名规则。为"TM"数据库中"Student"表中"Date_of_Birth"字段创建规则、绑定、重命名、取消规则绑定和删除规则的示例如下:

```
——规则为输入日期在 1990 年 1 月 1 日至 2000 - 12 - 31 日之间
——@date 是一个局部变量,用于引用通过 UPDATE 或 INSERT 语句输入的值
——在创建规则时,可以使用任何名称或符号表示值,但第一个字符必须是 at 符号(@)
CREATE RULE rule_birthdate AS @date>'1990 - 1 - 1' and @date<'2000 - 12 - 31'


——绑定规则"rule_birthdate"到"Student"表的字段"Date_of_Birth"上
sp_bindrule rule_birthdate,'Student. Date_of_Birth'


——将规则"rule_birthdate"更名为"rule_Student_birthdate"
sp_rename rule_birthdate, rule_Student_birthdate


——取消"Student"表的字段"Date_of_Birth"上的规则绑定
sp_unbindrule 'Student. Date_of_Birth'


——删除规则
drop rule Student. Date_of_Birth
```

● 默认值：默认值不同于前面实验中使用的 DEFAULT 约束。在创建表时，可以使用 DEFAULT 关键字为某个字段指定 DEFAULT 约束，即插入一行数据时，若没有指定该字段的值，则 SQL Server 自动使用默认值插入。此处"默认值"是一种数据库对象，该对象在数据库中定义一次，就可以被多次地应用到数据库中不同表的一个字段或多个字段上。默认值只能在当前数据库中创建，创建默认值后，可使用存储过程 sp_bindefault 将默认值绑定到列（字段）上；使用存储过程 sp _unbindefault 从列（字段）取消绑定默认值；使用存储过程 sp_rename 重命名默认值。在"TM"数据库中创建"研究生"学历默认值对象，并绑定到字段、重命名、取消绑定和删除默认值的示例如下：

```
――创建学历默认值对象
CREATE DEFAULT DFT_EDU_BKG   as '研究生'

――将"DFT_EDU_BKG"默认值对象绑定到"Teacher"表的"EDU_Background"字段上
sp_bindefault DFT_EDU_BKG,'Teacher. EDU_Background'

――将默认值对象"DET_EDU_BKG"更名为"Default_EDU_BCK"
sp_rename DFT_EDU_BKG,'Default_EDU_BC'

――取消"Teacher"表的"EDU_Background"字段上的默认值绑定
sp_unbindefault 'Teacher. EDU_Background'

――删除默认值
DROP DEFAULT Default_EDU_BC
```

● 登录名、服务器角色、用户、角色、架构等数据库对象将在本实验后续部分详述。
② SQL Server 中对象都有一个名字（对象标识符），标识符命名的主要规则有：
● 第一个字符必须是下列字符之一：Unicode 标准 3.2 所定义的字母。Unicode 中定义的字母包括拉丁字符 a—z 和 A—Z，以及来自其他语言的字母字符；画线（_）、"at"符号（@）或者数字符号（♯）。应注意在 SQL Server 中，某些位于标识符开头位置的符号具有特殊意义。以"at"（@）符号开头的标识符表示局部变量或参数。以一个数字符号开头的标识符表示临时表或过程。以两个数字符号（♯♯）开头的标识符表示全局临时对象。后续字符可以包括：Unicode 标准 3.2 中所定义的字母；基本拉丁字符或其他国家/地区字符中的十进制数字；"at"符号、美元符号（$）、数字符号或下划线。
● 任何包含 SQL Server 保留的关键字或含空格的名字都必须放在方括号（[ ]）中。或都将系统 QUOTED_IDENTIFIER 选项设为 ON 后，也可使用双引号（"）作为分隔符。如："SELECT ＊ FROM [Blanks In Table Name]"语句中表对象名含空格，所以用方括号进行了分隔。
● 虽然 SQL Server 提供了标识符的分隔符，从而允许在标识符中使用关键字或空格符，但不加选择地在对象名称中使用特殊字符会使 SQL 语句和脚本难以阅读和维护。

③ SQL Server 中一个对象的完整限定名格式如下：

［服务器名.［数据库名.［架构名.］］］对象名

其中服务器、数据库和架构的名称即所谓的对象名称限定符。

● 服务器名是完整限定名的最高一级，它使服务器之间的链接(即访问不同的服务器)成为可能。服务器名在多数时间可以省略，这时 SQL Server 采用默认登录服务器名。

● 数据库名指定需要检索数据的来源数据库，数据库限定名可用于从交叉数据库中完成连接数据的操作中，指定从非默认数据库或当前数据库中检索数据，数据库名也可以省略。

● 架构名在完整限定名中说明所限定对象的命名空间(此处可先暂将其理解为类似于文件系统中"目录"的管理组织容器)。在 SQL Server 2005 中，每个数据库用户都有一个默认架构，用于指定服务器在解析对象的名称时将要搜索的第一个架构，如果未定义默认架构，则将把 dbo 作为默认架构。在 SQL Server 2005 中创建的每个对象必须具有唯一的完全限定名称，例如，如果架构名不同(如 s1,s2)，则在同一个数据库中可以有两个表名都为"foo"的表"s1. foo"和"s2. foo"。

● 引用对象时，可不必指定服务器名、数据库名和架构名中的部分或全部。如果想跳过某个限定符而指定其他限定符，可以使用句点("."）来标记该限定符位置，从而省略限定符。默认服务器为本地服务器，大多数情况下，使用由三个部分组成的名称。下列对象的名称都是有效格式：

```
NJXZC_SQL2K5. TM. dbo. Student      ——服务器名：NJXZC_SQL2K5；数据库名：TM；架构
名：dbo
NJXZC_SQL2K5. TM. . Student         ——使用"."标记了架构名的位置，省略了"dbo"
NJXZC_SQL2K5.. dbo. Student
NJXZC_SQL2K5... Student
TM. dbo. Student
dbo. Student
Student              ——当前登录服务器、当前默认数据库、当前数据库用户的默认架构名的
                     ——Student 对象
```

在分布式查询或远程调用存储过程的操作中，使用一种由四个部分组成的对象限定名称，该名称格式为：linkedserver. catalog. schema. object_name。其中 linkedserver 用于指定包含分布式查询所引用对象的链接服务器名；catalog 用于指定包含分布式查询所引用对象的目录名；schema 用于指定包含分布式查询所引用对象的架构的名称；objcet 为对象名。关于此种类型的对象限定名称的详息信息，可以查询 SQL Server 联机丛书中"数据库对象［SQL Server］"部分"名称"子条目。

实验步骤：

① 打开 SQL Server Management Studio"数据库对象资源管理器"，查看有哪些类型

的数据库对象,理解这些对象的概念、功能。

②建立包含"TM"数据库中所有表的数据库关系图"Diagram_TM_All_Tables",在关系图编辑界面中为没有创建外键约束的表字段,建立合理的外键约束。试着找出在数据库关系图编辑页中还能够完成哪些数据表管理维护工作。

③根据你的理解,在"TM"数据库中创建一些规则和默认值对象,并绑定到相关表的字段上。

④理解 SQL Server 对象的完整限定名,练习使用完整限定名引用数据库对象的方法。

(2)改变当前数据库系统的验证模式;使用 SQL Server Management Studio 图形界面创建指定的服务器登录名;在"TM"数据库中创建指定的用户;创建指定的角色,合理设计角色的权限,并指定角色成员;按要求为数据库用户或角色指定用户权限。

预备知识:

①数据库系统中集中存放了大量数据,多个用户共享这此数据资源,保护数据安全是管理数据库的一个重要工作,但应当看到数据库安全包含了数据库技术安全性、数据库管理安全性和更高层面的关于信息安全的政策法律等多方面问题,本实验主要涉及数据库技术安全性方面的一些基础问题。在试验 SQL Server 的安全管理相关的基本技术之前,首先应理解下列与数据库安全相关的重要数据库对象的概念与功能:

● 登录名:"登录名"(指服务器登录名,Server Login)是具有登录到数据库服务器的用户的标识符,相当于登录服务器的登录账号。登录名工作在数据库服务器层次,它并不能让登录后的用户直接使用数据服务器中的数据库。将登录名映射到数据库"用户"上后才拥有对该数据库操作的相关权限。登录名用于身份验证,验证通过后才可以连接到 SQL Server 2005 服务器。

● 服务器角色:"服务器角色"(Server Role)是在服务器级别定义的,SQL Server 2005 系统内置的固定服务器角色及其在服务器上拥有的权限如表 8-1 所示,不可添加和修改服务器角色。sa(系统管理员)默认具有 sysadmin 服务器角色。拥有固定服务器角色的每个成员都可以向它所属的角色中添加其他登录名。

表 8-1　SQL Server 2005 内置固定服务器角色

服务器角色	服务器级权限
bulkadmin	bulkadmin 固定服务器角色的成员可以运行 BULK INSERT 语句。
dbcreator	dbcreator 固定服务器角色的成员可以创建、更改、删除和还原任何数据库。
diskadmin	diskadmin 固定服务器角色用于管理磁盘文件。
processadmin	processadmin 固定服务器角色的成员可以终止 SQL Server 实例中运行的进程。
securityadmin	securityadmin 固定服务器角色的成员将管理登录名及其属性。它们可以 GRANT、DENY 和 REVOKE 服务器级权限。也可以 GRANT、DENY 和 REVOKE 数据库级权限。另外,它们可以重置 SQL Server 登录名的密码。
serveradmin	serveradmin 固定服务器角色的成员可以更改服务器范围的配置选项和关闭服务器。

服务器角色	服务器级权限
setupadmin	setupadmin 固定服务器角色的成员可以添加和删除连接服务器,并且也可以执行某些系统存储过程。
sysadmin	sysadmin 固定服务器角色的成员可以在服务器中执行任何活动。默认情况下,Windows BUILTIN\Administrators 组(本地管理员组)的所有成员都是 sysadmin 固定服务器角色的成员。

- 用户:"用户"(指数据库用户,Database User)对象是某个使用者通过"登录名"登录到 SQL Server 服务器后进入某个数据库进行操作的一个标识符,即服务器登录名必须要与数据库用户映射后才具有操作该数据库的相应权限。通常我们可以为服务器登录名在数据库中创建同名的"用户"。例如创建一个称为"tester"的登录名,然后可以在"TM"数据库中创建一个"tester"用户,并将登录名"tester"映射到"TM"数据库中的"tester"用户上(具体方法见后续部分实验的预备知识部分)。注意一个登录名可以对应多个用户名,但在一个数据库上最多可以映射到一个用户名。

- 角色:"角色"(指数据库角色,Database Role)是数据库级别的安全对象,用于代表一类用户在某一数据库中持有的工作身份。建立角色并为角色授予适当权限,使相关用户成为该角色成员,从而获得该角色具有的权限。SQL Server 数据库级别也有一些内置的固定数据库角色,它们是在数据库级别定义的,并且存在于每个数据库中。固定数据库角色及其在数据库中拥有的权限如表 8 - 2 所示。

表 8 - 2　数据库角色及其权限和特性

角色	权限和特性
db_owner	db_owner 固定数据库角色的成员可以执行数据库的所有配置和维护活动。具有 db_owner 角色的用户可以像数据库的所有者一样完成相同的功能和任务。
db_accessadmin	db_accessadmin 固定数据库角色的成员可以为 Windows 登录账户、Windows 组和 SQL Server 登录账户添加或删除访问权限。该角色不能创建新的 SQL Server"登录名",但是具有将已存在的 Windows 用户和组以及现有的 SQL Server"登录名"加入到数据库中的权限。
db_datareader	db_datareader 固定数据库角色的成员可以读取所有用户表中的所有数据。具有 db_datareader 角色的数据库用户能够在数据库中所有的用户表上执行 SELECT 语句,对于只需要查询数据库中数据但不能提交数据的用户,可以只为其指定该角色。
db_datawriter	db_datawriter 固定数据库角色的成员可以在所有用户表中添加、删除或更改数据,即具有该角色的数据库用户将可以在数据库中的所有用户表上执行增(INSERT)、删(DELETE)、改(UPDATE)操作。

角色	权限和特性
db_ddladmin	db_ddladmin 固定数据库角色的成员可以在数据库中运行任何数据定义语言（DDL）命令。即拥有 db_ddladmin 数据库角色的用户能够在该数据库中添加、修改或删除数据库对象。
db_securityadmin	db_securityadmin 固定数据库角色的成员可以修改角色成员身份和管理权限。该角色是 securityadmin 服务器角色在数据库级别的类似角色,它不能在数据库中创建新的用户,但能够管理数据库角色的成员,并能在数据库中管理语句和对象的许可权限,即可以管理数据库中与安全权限有关的所有动作。
db_backupoperator	db_backupoperator 固定数据库角色的成员可以备份该数据库。
db_denydatareader	db_denydatareader 固定服务器角色的成员不能读取数据库内用户表中的任何数据。
db_denydatawriter	db_denydatawriter 固定服务器角色的成员不能添加、修改或删除数据库内用户表中的任何数据。

db_owner 和 db_securityadmin 数据库角色的成员可以管理固定数据库角色的成员身份;但只有 db_owner 数据库的成员可以向 db_owner 固定数据库角色中添加成员;除表 8-2 中列出的数据库固定角色,还有一个比较特殊即 public 数据库角色,每个数据库用户都属于 public 数据库角色。当尚未对某个用户授予或拒绝对安全对象的特定权限时,则该用户将继承授予该安全对象的 public 角色的权限。

数据库固定角色只是帮助使用者进行安全性配置的一个起点,为实现灵活的数据库安全性设置,还可以创建用户自定义数据库角色,由使用者决定所创建角色将包含什么许可权限。

数据库角色中还有一类称为"应用程序角色"的对象,但它与数据库角色存在着一些不同。"应用程序角色"有其自身的密码,这让它与登录名有些相似,但它不能像使用登录名那样登录系统,而是使用者先登录并连接服务器后,再使用执行存储过程 sp_setapprole(需在参数中指定应用程序角色名称和密码)转换到指定的应用程序角色并获得该角色所具有的权限。对一个数据库连接,一旦确定已经激活的应用程序角色,则该连接将一直保持在应用程序角色的安全性上下文中,只有终止连接并再次登录,才能回到登录用户自己的安全性上下文。

● 架构:"架构"(指数据库架构,Database Schema)是数据库对象的一个容器。从 SQL Server 2005 开始,每个对象都属于一个数据库架构。为了更形象化,这里做一个比喻,把数据库对象看成是各种类型文件的话,架构类似于目录这样的"容器",可将文件放在目录中,以方便组织管理。数据库架构是一个独立于数据库用户的非重复命名空间,可以将架构视为对象的容器。可以在数据库中创建和更改架构,并且可以授予用户访问架构的权限。任何用户都可以拥有架构,并且架构所有权可以转移。数据库用户有自己的默认架构,写 SQL 语句可以直接以"对象名"访问,而访问数据库中非默认架构的对象则要以"架构名. 对象名"的形式访问。SQL Server 2005 中架构只能有一个所有者,但一个用户可以拥有一个或多个架构;同一用户可以被授权访问多个架构,也可以被禁止访问某个或多个架构;在创建数据库表时,若没有指定架构,则默认其架构是 dbo。删除一个数据库用户时应首先将其拥有的架构转移给其他数据库用户。如果不希望用架构来组织管理数据库中的对象,则可以只使用一个架构,如 dbo 架构。

使用数据库的一般顺序是:首先创建服务器登录名,并为其分配合适的服务器角色;然后根据需要在相关数据库中建立新用户,在服务器登录名与数据库用户之间建立映射,并为数据库用户指定合适的数据库角色和其拥有的数据库架构;在架构中创建各种数据库对象,用户通过架构访问数据库对象。

在 SQL Server 2005 中,每个数据库中的固定数据库角色都有一个属于它的同名架构,如在架构"db_ddladmin"中创建一个表,则任何一个具有 db_ddladmin 角色的数据库用户都可查询、修改和删除属于这个架构中的表,但其他不具有该角色身份的用户是不行的。应注意有一些数据库角色是具有特殊权限的,如具有 db_dbdatareader 角色的数据库用户可以查看数据库中的所有表,具有 db_dbdatawriter 角色的数据库用户可以修改数据库中的所有表,具有 db_owner 角色的数据库用户可以对数据库中所有表进行各种操作,这几个类角色的数据库用户可以通过角色获取到在数据库中的特殊权限。

② SQL Server 2005 服务器身份验证有两种验证模式:

● Windows 身份验证模式:该模式采用 Windows 操作系统的安全机制来验证用户身份,即 SQL Server 使用 Windows 操作系统中的信息验证账户名和密码。它是 SQL Server 2005 默认的身份验证模式,比混合模式的身份验证模式安全,但这种验证模式只适用于能够进行有效身份验证的 Windows 操作系统,在其他操作系统下无法使用。Windows 身份验证使用 Kerberos 安全协议,通过强密码的复杂性验证提供密码策略强制,提供账户锁定支持,并且支持密码过期。

● 混合身份验证模式:该模式下,允许用户使用 Windows 身份验证或 SQL Server 身份验证进行连接,即是当用户登录时,系统会判断账户在 Windows 操作系统中是否可信,并对可信连接直接采用 Windows 身份验证机制;对非可信连接(其中包括远程用户)会采用 SQL Server 验证机制,要求 SQL Server 用户名和密码存在且有效。采用何种模式取决于通信时使用的网络协议,如果用户使用的是 TCP/IP Sockets 进行登录验证,将使用 SQL Server 验证模式;如果用户使用命名管道,则登录时使用 Windows 验证模式。如果必须选择"混合模式身份验证"并要求使用 SQL Server 验证,则应该为所有 SQL Server 账户设置强密码,这对于属于 sysadmin 角色的账户(特别是 sa 账户)尤为重要。

在安装 SQL Server 时可以设置系统采用何种验证模式,此后也可以改变系统的验证模式,步骤如下:

a. 使用 SQL Server Management Studio 以合适的方式登录到数据库实例,在"对象资源管理器"中右键点击数据库服务器实例,在弹出的快捷菜单中选取"属性",如图 8-6 所示。

图 8-6 数据库快捷菜单

b. 在弹出的"服务器属性"窗口中"选择页"部分中单击选取"安全性",窗口右侧出现安全性设置界面,可以改变当前"服务器验证"模式的设置。如图 8-7 所示:

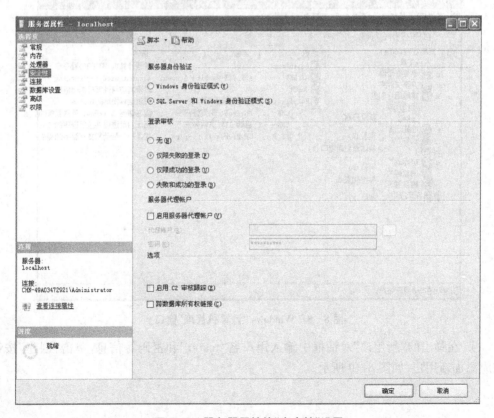

图 8-7 服务器属性的"安全性"设置

　　c. 注意当把服务器身份验证模式从"Windows 身份验证"改为"SQL Server 和 Windows 身份验证模式"时，SQL Server 的 sa（系统管理员）账户密码是空白的。必须及时设置 sa 账户密码，可以在"对象资源管理器"中依次选取数据库实例→"安全性"→"登录名"，右击"sa"，在弹出的快捷菜单中选取"属性"，在弹出的"登录属性"窗口中，对 sa 登录密码进行设置。也可以通过调用存储过程 sp_password 来完成相同功能，请查阅 SQL Server 联机丛书获取该存储过程的使用方法。

　　d. 重新启动 SQL Server 服务，以使更改生效。

　　③ SQL Server 中使用的密码可包含 1 到 128 个字符，包括字母、符号和数字的任意组合。如果选择"混合模式身份验证"，则必须输入强 sa 密码才能进入安装向导的下一页。强密码有以下特征：长度至少有七个字符；密码中组合使用字母、数字和符号字符；字典中查不到；不是命令名、人名、用户名；有定期更改策略，且新密码应与以前的密码明显不同。

　　④ 创建登录名（采用 Windows 身份验证模式）。以创建一个"tester"账户为例，使用 SQL Server Management Studio 创建 SQL Server 2005"登录名"的步骤如下：

　　a. 首先在 Windows"开始"菜单中依次选取"控制面板"→"管理工具"→"计算机管理"，在"计算机管理"窗口中展开"本地用户和组"，右击"用户"，在弹出的快捷菜单中选取"新用户"，如图 8-8 所示：

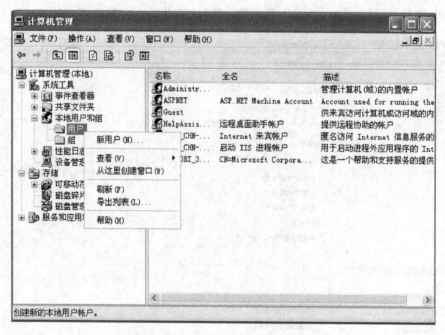

图 8-8　Windows "计算机管理"窗口

　　b. 在弹出的"新用户"对话框中输入用户名"tester"和密码等信息，单击"创建"按钮完成添加新用户，如图 8-9 所示。

图 8-9　Windows "新用户对话框"

　　c. 在 Windows 中成功添加用户后,使用 SQL Server Management Studio 以系统管理员身份连接到数据库实例,在"对象资源管理器"中依次选取服务器实例→"安全性",右击"登录名",在弹出的快捷菜单中选择"新建登录名"选项,进入 SQL Server"登录名-新建"窗口,如图 8-10 所示。

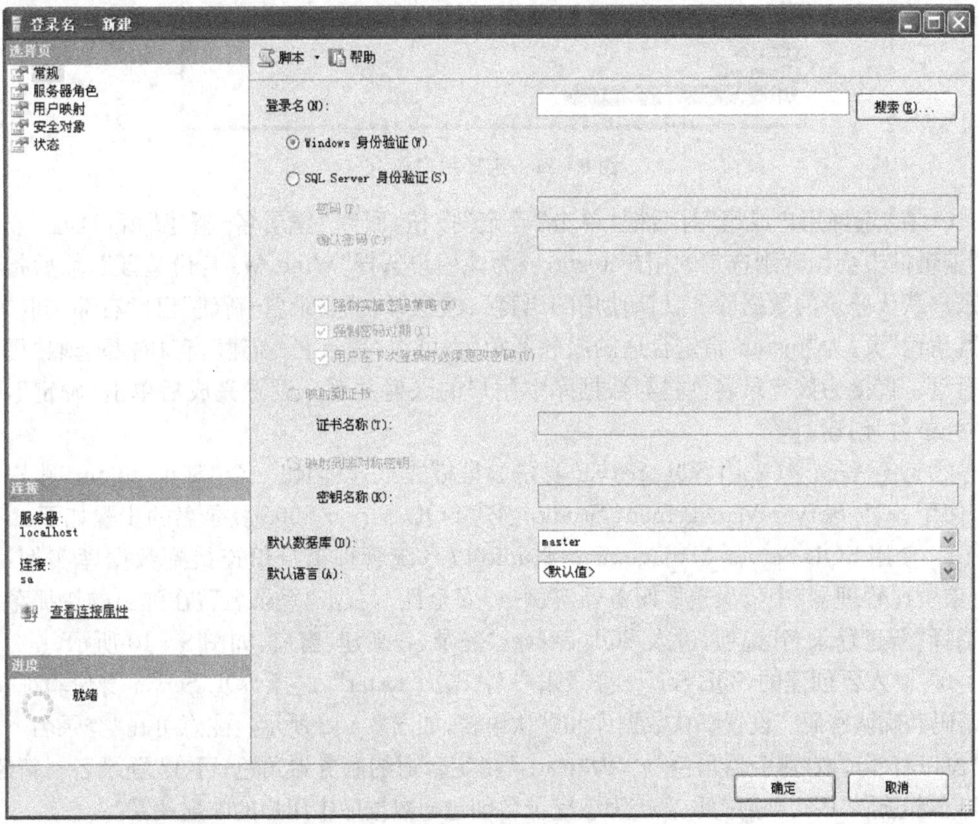

图 8-10　SQL Server 新建登录名窗口

　　d. 单击"搜索"按钮,弹出"选择用户或组"对话框,单击对话框中"高级"按钮,弹出"选择用户或组"窗口,单击"立即查找"按钮,显示出所有的 Windows 用户名称,选择"tester"用户,如图 8-11 所示,单击"确定"按钮,回到"选择用户或组"对话框。

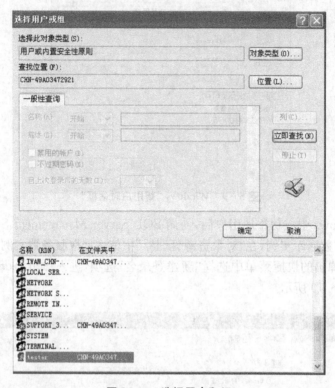

图 8-11　选择用户和组

　　e. 在"选择用户或组"对话框,单击"确定"按钮,回到"登录名-新建"窗口,在"登录名"编辑框中会出现刚选定的用户 tester。为该用户选择"Windows 身份验证",然后指定该账户默认登录的数据库和默认使用的语言。注意可在"登录名-新建"窗口右部选取"服务器角色"页,为"tester"指定合适的服务器角色;可在"登录名-新建"窗口右部选取"用户映射"页,直接为该登录名创建与数据库中用户的映射关系。设置完成后单击"确定",完成"登录名"创建。

　　⑤ 创建登录名(采用 SQL Server 身份验证模式)。以创建一个"SQL_tester"账户为例,使用 SQL Server Management Studio 创建 SQL Server 2005 登录名的步骤如下:

　　a. 使用 SQL Server Management Studio 以系统管理员身份连接到数据库实例,在"对象资源管理器"中依次选取服务器实例→"安全性",右击"登录名",在弹出的快捷菜单中选择"新建登录名"选项,进入 SQL Server"登录名-新建"窗口,如图 8-10 所示。

　　b. 输入要创建的 SQL Server 登录账户名"SQL_tester",选择 SQL Server 身份验证,输入密码和确认密码。设置默认数据库和默认语言,如图 8-12 所示。注意可在"登录名—新建"窗口右部选取"服务器角色"页,为"tester"指定合适的服务器角色;可在"登录名—新建"窗口右部选取"用户映射"页,直接为该登录名创建与数据库中用户的映射关系。

　　c. 单击"确定",完成"登录名"创建。

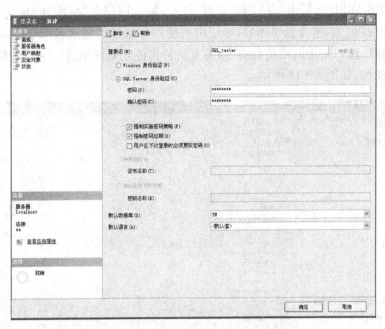

图 8 - 12　创建 SQL Server 登录账户

⑥ 创建数据库用户并映射登录名。以在"TM"数据库中创建一个"SQL_tester"数据库用户并建立其与登录名"SQL_Tester"之间的映射为例,使用 SQL Server Management Studio 创建 SQL Server 2005 数据库用户的步骤如下:

a. 使用 SQL Server Management Studio 以管理员身份连接数据库服务器,在"对象资源管理器"中依次展开数据库服务器→"数据库"→"TM"→"安全性",右键点击"用户",在弹出的快捷菜单中选取"新建用户",如图 8 - 13 所示。

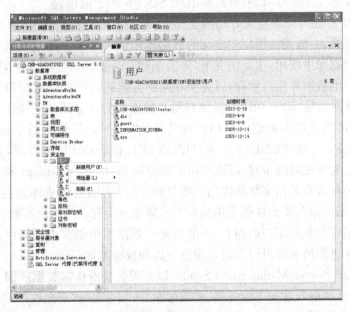

图 8 - 13　新建数据库用户

b.在"数据库用户-新建"窗口中"常规"页中,输入用户名"SQL_tester",单击"登录名"右侧选择按钮 ⋯ ,选择登录账号,如使用前述部分创建的登录名"SQL_tester",同时可以为该数据库用户指定其成员身份(即具有何种角色)、默认架构(不指定,默认为 dbo)及它拥有的架构,如图 8-14 所示。

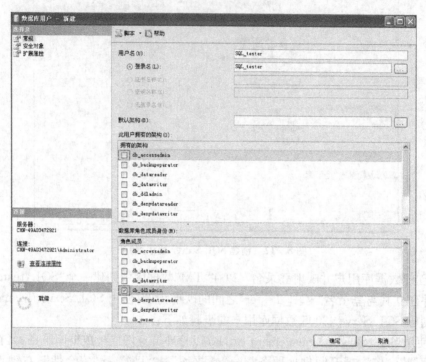

图 8-14　新建"SQL_tester"用户

c.单击"确定",完成"TM"中数据库用户"SQL_tester"的创建。

⑦ 数据库中存在着预先定义好的固定角色,它们有着专门的用途,其中大多数是为了处理一般的情形,一般无法用用户定义的数据库角色来替换。固定数据库角色一般在有一定规模的数据库中使用,很多情况下,需要创建与分配用户定义角色,用户定义角色时可以像对单个的数据库用户那样,以完全相同的方式进行授权(GRANT)、指定拒绝权限(DENY)和收回权限(REVOKE),从而获得小粒度和更加灵活的安全性管理。下面实例展示了在"TM"数据库中创建一个用户定义角色"db_user",然后授予该角色在"dbo"架构中增(INSERT)、删(DELETE)、改(UPDATE)、查(SELECT)权限,最后将"SQL_tester"用户指定为其成员的步骤,以该实例说明使用 SQL Management Studio 图形界面创建用户定义角色及为其指定数据库用户成员的方法。应注意数据库角色"所有者"这一概念的含义,数据库角色要么在创建角色时明确指定为所有者的用户所拥有,要么在未指定所有者时为创建角色的用户所拥有,不能在同一数据库中创建由不同用户所拥有的多个同名角色。角色的所有者可以决定在角色中添加或删除谁。

a.使用 SQL Server Management Studio 以管理员身份连接数据库服务器,在"对象资源管理器"中依次展开数据库服务器→"数据库"→"TM"→"安全性"→"角色",右键点击"数据库角色",在弹出的快捷菜单中选取"新建数据库角色",如图 8-15 所示。

图 8-15　新建数据库角色

b. 在"数据库角色-新建"窗口"常规"页中,设定"角色名称"为"db_user",所有者不填表示默认为当前登录用户,如图 8-16 所示。

图 8-16　数据库角色-新建窗口

c. 在窗口左侧选取"安全对象"页,在该页点击"添加"按钮,弹出添加对象对话框,此处选取"特定类型的所有对象"选项,如图 8-17 所示,点击"确定"。

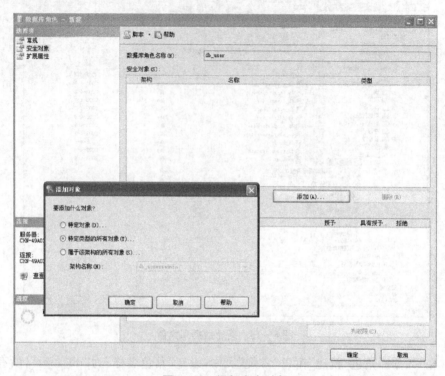

图 8-17　添加安全对象

d. 在打开"选择对象类型"对话框中选取"架构",如图 8-18 所示,点击"确定"。

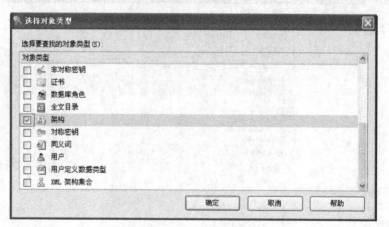

图 8-18　选择安全对象的类型

e. 回到"数据库角色-新建"窗口中"安全对象"窗格中点选"dbo"架构,然后在"dbo的显式权限"窗格中勾选"Delete"、"Insert"、"Select"、"Update"行的"授予",如图 8-19 所示,设置完成后,点击"确定"。

f. 回到"数据库角色-新建"窗口,点选"常规"页,在"此角色成员"部分点击"添加"按钮,在弹出的"选择数据库用户或角色"对话框中,点击"浏览"按钮,如图 8-20 所示。

图 8 – 19　为角色指定安全对象及其显式权限

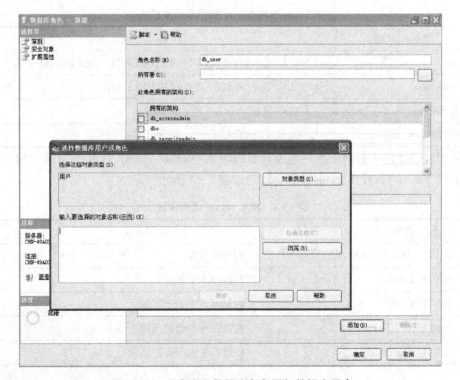

图 8 – 20　为自定义数据库角色添加数据库用户

g. 在弹出的"查找对象"对话框中勾选"SQL_tester"用户,如图 8 - 21 所示,点击"确定"。

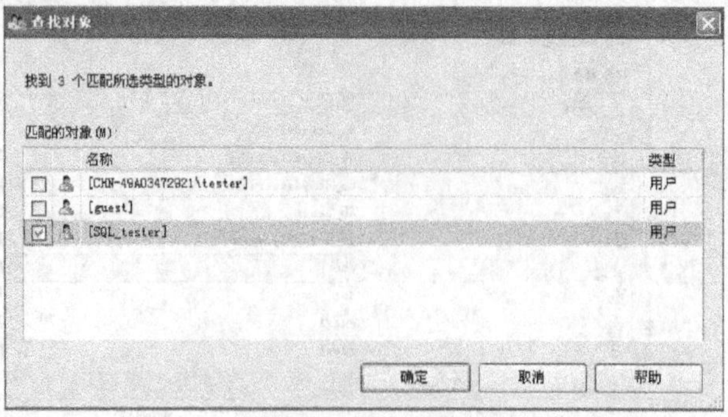

图 8 - 21　选取数据库用户

h. 回到"选择数据库用户或角色"对话框,点击"确定",回到"数据库角色—新建"窗口,点击"确定",完成数据库角色"db_user"的创建,该角色具有在"dbo"架构上的增删改查权限,并有一个成员"SQL_tester"。

i. 以"SQL_Server 身份验证"方式,使用"SQL_tester"用户登录数据库服务器,实验一下该用户对"TM"数据库中各表的操作权限(如 dbo. Student、dbo. Teacher 等表)。

⑧ SQL Server 2005 中用户权限分为对象权限和语句权限两类。对象权限是针对表、视图、存储过程等数据库对象而言,它决定了能在对象上执行哪些操作(如 INSERT、DELETE、UPDATE,EXECUTE 操作),数据库用户想要对某一对象执行操作就必须有相应权限。各对象上可能的操作如表 8 - 3 所示。

表 8 - 3　SQL Server 数据库对象权限

数据库对象	操作权限
表(table)	SELECT、INSERT、UPDATE、DELETE、 REFERENCE
视图(view)	SELECT、INSERT、UPDATE、DELETE
存储过程(stored procedure)	EXECUTE
表列(字段)(column)	SELECT、UPDATE

语句权限规定了数据库用户是否具有权限来执行某一语句,这些语句通常用于创建或备份操作,一些 SQL Server 的语句权限如表 8 - 4 所示。

表 8 - 4　SQL Server 语句权限

语句	权限含义
CREATE DATABASE	创建数据库
CREATE TABLE	在数据库中创建表
CREATE VIEW	在数据库中创建视图
CREATE RULE	在数据库中创建规则
CREATE DEFAULT	在数据库中创建默认值

语句	权限含义
CREATE PROCEDURE	在数据库中创建存储过程
CREATE FUNCTION	在数据库中创建函数
BACKUP DATABASE	备份数据库
BACKUP LOG	备份数据库日志

使用 SQL Server Management Studio 图形界面设置权限的方法如下：

a. 使用 SQL Server Management Studio 以管理员身份连接数据库服务器，在"对象资源管理器"中依次展开数据库服务器→"数据库"，右击要管理的数据库（如"TM"数据库），在弹出的快捷菜单中选择"属性"，如图 8 - 22 所示。

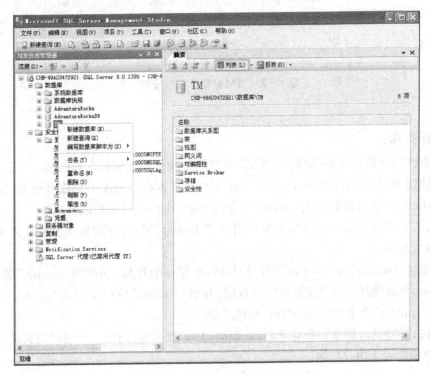

图 8 - 22　查看数据库属性

b. 在弹出的"数据库属性—TM"窗口中"选择页"部分点选"权限"页，"权限"页列出了该数据库的数据库用户和用户定义角色，点选"用户或角色"中的用户或角色（如点选 SQL_tester）后，可在下方"…的显式权限"窗格中设置该用户或角色的显式权限，如创建表、视图、存储过程、查询等操作的权限，可以单击窗格各行中的复选框以设置权限，如图 8 - 23 所示。实际上，在表、视图等数据库对象上都可以采用类似方法进行用户权限的设置。

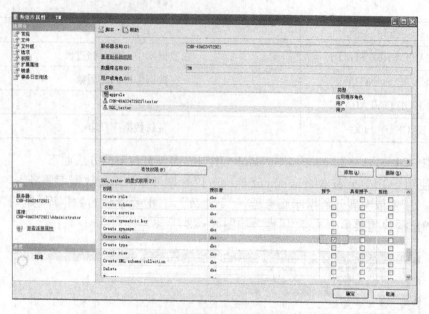

图 8-23   TM 数据库权限设置

实验步骤：

① 更改当前数据库系统的验证模式，总结两种验证模式的特点与区别。

② 使用 SQL Server Management Studio 图形界面在数据库中创建登录名"teacher"（采用 Windows 身份验证模式）、student（采用 SQL Server 身份验证模式）。

③ 在"TM"数据库中创建"teacher"用户、"student"用户，分别与"teacher"、"student"登录名建立映射。

④ 思考"teacher"与"student"用户的权限，根据你的理解，创建"u_teacher"数据库角色和"u_student"角色，合理设置它们的权限，并将"teacher"用户指定为"u_teacher"角色成员，将"student"指定为"u_student"角色成员。

⑤ 按你的理解，创建一个登录名，并创建"TM"数据库，创建一个用户与其进行映射，为该用户指定若干用户权限。

四、实验报告要求

（1）根据实验过程，简要说明实验数据库中主要数据库对象的概念并举例。

（2）截图展示你创建的数据库关系图"Diagram_TM_All_Tables"，说明你所创建的外键约束。简要说明数据库关系图编辑页中还能够完成哪些数据表管理维护工作。

（3）根据实验要求，写出创建教师授课详细信息视图（vw_TC_details）及你所选择创建的基于单张表的视图所使用的 T-SQL 语句；写出在你创建的视图上查询数据的 T-SQL 查询语句及结果，并简要总结在视图中更新数据的限制条件。

（4）说明你在"TM"数据库中创建的规则和默认值对象，并截图说明创建过程或写出创建对象所使用的 T - SQL 语句。

（5）写出一些数据库中对象的完整限定名。

（6）简要总结 SQL Server 2005 两种验证模式的特点与区别。

（7）适当截图说明创建指定登录名的过程、创建指定数据库用户的过程。

（8）说明你创建的"u_teacher"与"u_student"角色的权限及设置这些权限的理由。

（9）说明按你的理解所创建的登录名、该登录名映射到"TM"数据库上的用户名及为该用户所指定的用户权限，说明你做出以上用户设计的目标用途。

（10）根据学习情况，尝试完成本实验中扩展实验部分，并在实验报告中对实验做出总结。

实验九　　SQL 脚本与批处理实验

一、实验目的

(1) 了解 SQL 脚本的概念及其编写方法。
(2) 了解 SQL 批处理的概念及其执行方法。

二、实验要求

(1) 编写 SQL 的脚本。
(2) 执行 SQL 的脚本。
(3) 按要求完成实验报告。

三、实验过程指导

基本实验：

(1) 编写 SQL 的脚本。

预备知识：

① 什么是 SQL 脚本：脚本通常以外部文件(通常是以后缀名为.SQL 的文本文件)的形式被定义为一个 T-SQL 语句集合(一个或多个批处理)。

一个脚本文件中可以只包含一个 SQL 语句，也可以包含多个 SQL 语句。包含多个 SQL 语句的时候，SQL 语句之间以 GO 语句分割。

通常把 SQL 的语句以脚本的形式存放以方便再次使用该语句(语句组)。

② 编写 SQL 脚本的方法：

编写 SQL 脚本可以有两种方法：

● 在任何文本编辑器中编写 SQL 语句并以后缀名".SQL"保存。

● 利用 SQL Studio 提供的自动创建功能生成。

③ 利用 SQL Studio 提供的自动创建功能的步骤：

a. 在 Windows 系统"开始"菜单中，依次选取"程序→Microsoft SQL Server 2005→SQL Management Studio"，打开 SQL Server Management Studio 并连接到 SQL Server 2005 服务。

b. 在"对象资源管理器"中单击 SQL Server 服务器前面的＋号或直接双击数据库名称，展开该服务器对象资源树形结构到表或者视图，右键点击任意一张表或者视图，如图 9-1 所示：

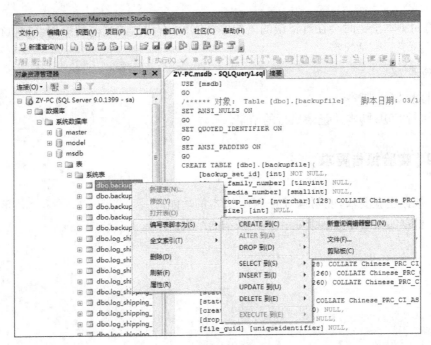

图 9 - 1　编写 SQL 的脚本

c. 选择菜单"编写表脚本为"→"CREATE 到(C)"→"新查询编辑器窗口"。即可生成创建该表的脚本。

菜单中 DROP(到)是创建删除该表的脚本,"SELECT(到)"是创建查询该表的脚本,以此类推分别对应创建、删除、查询、插入、更新等语句对应的脚本。

如果选择的是视图,其步骤类似。

d. 打开文件菜单,选择保存或者另存为保存创建的脚本。

实验步骤:

① 按照自动创建脚本的步骤创建脚本。

② 修改"SELECT 到(S)"生成的脚本以适应不同的选择需求。

③ 编写手动创建的脚本(单语句、多语句)。

(2) 执行 SQL 的脚本。

预备知识:

① 脚本的调入:打开查询分析器,用文件菜单中的打开命令打开需要的脚本。

② 脚本的执行:查询分析器中的执行按钮,如图 9 - 2 所示:

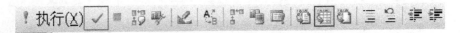

图 9 - 2　查询分析器"执行"按钮

即可执行该脚本。

③ 脚本的错误:脚本的错误为 SQL 语句的错误。单语句脚本出错则检查该语句

即可。

多语句脚本出错时会在有错误的语句停止执行,有错语句之前的语句会被执行,有错语句之后的语句不被执行。

实验步骤:

① 打开 SQL 脚本。

② 执行 SQL 脚本并记录执行的结果。

四、实验报告要求

(1) 根据实验要求,说明编写的 SQL 脚本的功能。

(2) 根据实验要求,说明执行 SQL 脚本的结果。

实验十　T-SQL 编程基础实验

一、实验目的

（1）掌握如何定义变量并赋值。
（2）掌握 IF、WHILE、CASE 逻辑控制语句。

二、实验要求

（1）使用 DECLARE 定义变量并显示数据。
（2）使用 IF、WHILE、CASE 逻辑控制语句。
（3）按要求完成实验报告。

三、实验过程指导

基本实验：

（1）使用 DECLARE 定义变量并显示数据。

预备知识：

① 变量：变量分为局部变量和全局变量

局部变量：局部变量必须以标记@作为前缀，如@age，局部变量的使用是先声明，再赋值。

全局变量：全局变量必须以标记@@作为前缀，如@@version，全局变量由系统定义和维护，只能读取，不能修改全局变量的值。

② 局部变量的声明：

语句为：DECLARE　@变量名 数据类型

例如：DECLARE　@name varchar(8)

　　　　DECLARE　@seat int

③ 局部变量的赋值：

语句为：SET @变量名＝值 或 SELECT @变量名＝值

例如：SET @name＝' 张三 '

　　　SELECT @name＝stuName FROM Student WHERE S_ID＝'s25302'

注意：使用 SELECT 赋值时必须确保筛选出的记录只有 1 条。

实验步骤：

① 在 SQL Server Management Studio 中新建查询。

② 在 SQL 编辑器中定义全局和局部变量，并赋值。

(2) 使用 IF、WHILE、CASE 逻辑控制语句。

预备知识:

① T-SQL 语言提供了一些可用于改变语句执行顺序的命令,称为流程控制语句。流程控制语句与常见的程序设计语言类似,主要包括以下几种:

```
BEGIN-END
IF-ELSE
CASE
WHILE-CONTINUE-BREAK
GOTO
```

② IF-ELSE 语句:

SQL 中的 IF-ELSE 语句

```
IF(条件)
    BEGIN
        语句 1
        语句 2
        ……
    END
ELSE
    BEGIN
        语句 1;
        语句 2;
        ……
    END
```

● ELSE 是可选部分。

● 如果有多条语句,才需要 BEGIN-END 语句块。

例:统计 10 计算机班考试成绩的平均成绩,如果平均成绩大于等于 70 分显示"成绩优秀"并输出前 3 名的成绩,如果平均成绩小于 70 分显示"本班成绩较差",并输出后 3 名的成绩。

第一步:统计平均成绩存入临时变量;

第二步:用 IF-ELSE 判断;

```
DECLARE @myavg float
SELECT @myavg= AVG(SC. EXAM_Grade)
FROM SC,Student,Class
WHERE Class. Class_Name=' 10 计算机 ' AND Class. Class_ID=Student. Class_ID AND
Student. S_ID=SC. T_ID
Print ' 本班平均分 '+convert(varchar(5),@myavg)
IF (@myavg>=70)
    BEGIN
        Print ' 本班成绩优秀,前三名的成绩为 '
```

```
        SELECT TOP 3 SC. T_ID,SC. EXAM_Grade
        FROM SC,Student,Class
        WHERE Class. Class_Name＝' 10 计算机 ' AND Class. Class_ID＝
Student. Class_ID AND Student. S_ID＝SC. T_ID
        ORDER BY SC. EXAM_Grade DESC
      END
    ELSE
      BEGIN
      Print ' 本班成绩较差,后三名的成绩为 '
        SELECT TOP 3 SC. T_ID,SC. EXAM_Grade
        FROM SC,Student,Class
        WHERE Class. Class_Name＝' 10 计算机 ' AND Class. Class_ID＝
Student. Class_ID AND Student. S_ID＝SC. T_ID
        ORDER BY SC. EXAM_Grade

      END
```

③ WHILE 循环语句

    WHILE（条件）

    BEGIN

     语句 1

     语句 2

     ……

     BREAK

    END

BREAK 表示退出循环

如果有多条语句,才需要 BEGIN-END 语句块

④ CASE-END 多分支语句

    CASE

     WHEN 条件 1 THEN　结果 1

     WHEN 条件 2 THEN　结果 2

     ……

     ELSE 其他结果

    END

实验步骤:

① 在 SQL Server Management Studio 中新建查询。

② 在 SQL 编辑器中实验使用 3 种逻辑控制语句,并查看结果。

四、实验报告要求

写出调试成功的语句。

实验十一　存储过程创建与应用实验

一、实验目的

(1) 了解存储过程的优点,掌握常用的系统存储过程。
(2) 掌握如何创建存储过程。
(3) 掌握如何调用存储过程。

二、实验要求

(1) 掌握常用的系统存储过程。
(2) 创建存储过程。
(3) 调用存储过程。
(4) 按要求完成实验报告

三、实验过程指导

基本实验：
(1) 掌握常用的系统存储过程。

预备知识：
① 存储过程:类似于 C 语言中的函数,用来执行管理任务或应用复杂的业务规则,存储过程可以带参数也可以返回结果。

存储过程可以包含数据操纵语句、变量、逻辑控制语句等。

存储过程的优点是:执行速度更快、允许模块化程序设计、可以提高系统安全性、可以减少网络流通量。

存储过程可以分为两类:系统存储过程和用户自定义存储过程。
② 系统存储过程:

由系统定义,存放在 master 数据库中。

类似于 C 语言中的系统函数。

系统存储过程的名称都以"sp_"开头或"xp_"开头。

以下是一些常用的系统存储过程及其功能：

系统存储过程	说　　明
sp_databases	列出服务器上的所有数据库。
sp_helpdb	报告有关指定数据库或所有数据库的信息
sp_renamedb	更改数据库的名称
sp_tables	返回当前环境下可查询的对象的列表
sp_columns	返回某个表列的信息
sp_help	查看某个表的所有信息
sp_helpconstraint	查看某个表的约束
sp_helpindex	查看某个表的索引
sp_stored_procedures	列出当前环境中的所有存储过程
sp_password	添加或修改登录账户的密码
sp_helptext	显示默认值、未加密的存储过程、用户定义的存储过程、触发器或视图的实际文本

常用的扩展存储过程 xp_cmdshell 的介绍。

它可以执行 DOS 命令下的一些操作，以文本方式返回任何输出。

其调用语法为：EXEC xp_cmdshell DOS 命令[NO_OUTPUT]

例：创建数据库 bankDB，要求保存在 D:\bank。

```
USE master
GO
EXEC xp_cmdshell 'mkdir d:\bank', NO_OUTPUT
IF EXISTS(SELECT * FROM sysdatabases
                    WHERE name='bankDB')
   DROP DATABASE bankDB
GO /* 这个 GO 必须要，表示一个批处理结束，另外一个开始，否则会出错 */
CREATE DATABASE bankDB
(
...
)
GO
EXEC xp_cmdshell 'dir D:\bank\' --查看文件
```

其运行结果为：

```
 结果
output
------------------------------------------------------------
驱动器 D 中的卷没有标签。
卷的序列号是 230C-1AFB
NULL
 D:\bank 的目录
NULL
2007-10-09  16:17    <DIR>          .
2007-10-09  16:17    <DIR>          ..
2007-10-09  16:17          3,145,728 bankDB_data.mdf
2007-10-09  16:17          3,145,728 bankDB_log.ldf
                   2 个文件      6,291,456 字节
                   2 个目录 20,188,528,640 可用字节
NULL

(12 行受影响)
```

实验步骤：

设计实例验证前面所提到系统存储过程。

(2) 创建存储过程。

预备知识：

① 用户自定义存储过程。

由用户在自己的数据库中创建存储的过程，类似于 C 语言中的用户自定义函数。

② 定义存储过程的语法：

CREATE　PROC EDURE　存储过程名

　　　　@参数 1　数据类型 ＝ 默认值 OUTPUT,

　　　　……,

　　　　@参数 n　数据类型 ＝ 默认值 OUTPUT

　　　　 AS

　　　　SQL 语句

GO

③ 和 C 语言的函数一样，参数可选，参数分为输入参数、输出参数，输入参数允许有默认值。

输入参数的作用是用来向存储过程传入值，类似 C 语言的按值传递，在定义变量的时候不使用 OUTPUT。

例：

```
CREATE PROCEDURE proc_stu
   @writtenPass int
    AS
    print '————————————————————————'
    print '              参加本次考试没有通过的学员：'
SELECT stuName,stuInfo. stuNo,writtenExam,
     labExam   FROM   stuInfo
        INNER JOIN stuMarks ON
          stuInfo. stuNo＝stuMarks. stuNo
             WHERE writtenExam＜@writtenPass
GO
```

上面@writtenPass int 就是输入参数。

输出参数的作用在于调用存储过程后返回结果,类似 C 语言的按引用传递。

输出参数在定义的时候要使用 OUTPUT。

例:

```
CREATE PROCEDURE proc_stu
  @notpassSum int OUTPUT
  AS
   ......
      SELECT @notpassSum=COUNT(stuNo)
        ......
GO
```

上面例子中@notpassSum int OUTPUT 就是输出参数。

实验步骤:

设计实例创建自定义存储过程分别要有无参数存储过程、有输入参数的存储过程、有默认输入参数的存储过程、有返回参数的存储过程。

(3) 调用存储过程。

预备知识:

调用存储过程的语法。

EXECUTE(执行)语句用来调用存储过程

调用的语法:

EXEC　过程名　〔参数〕

例:EXEC proc_stu 60 或这样调用:EXEC proc_stu@writtenPass=60

带输出参数的存储过程的调用:

DECLARE @sum int

EXEC proc_stu @sum OUTPUT

有输出参数是必须有 OUTPUT 返回的结果存放在变量@sum 中。

实验步骤:

调用上面自定义的存储过程。

四、实验报告要求

(1) 根据实验过程,说明实验中指定的各存储过程的功能,同时说明使用实例及执行结果。

(2) 根据实验要求,说明自定义存储过程的功能,同时说明使用实例。

(3) 根据实验要求,说明调用自定义存储过程及其执行结果。

实验十二　内置函数与用户定义函数实验

一、实验目的

（1）理解函数的概念、用途及与存储过程的主要区别；了解 SQL Server 2005 常用内置函数的分类与主要功能。

（2）理解用户定义函数（UDF）的类别；掌握创建用户定义函数的方法。

二、实验要求

（1）了解常用系统内置函数的功能，设计实例验证函数的功能，并写出使用实例及函数执行结果。

（2）理解标量函数、表值函数（包括内联表值函数、多语句表值函数）两类用户定义函数的概念与功能；掌握创建各类用户定义函数的方法，在"TM"数据库中创建完成指定功能的用户定义函数。

（3）按要求完成实验报告。

扩展实验：

（1）除了实验中已明确要求实例验证的 SQL Server 内置函数外，找出其他一些你感兴趣的内置函数并探索和验证它们的具体功能。

（2）根据你的理解，在"TM"数据库中创建一些实用的用户定义函数。

三、实验过程指导

（1）了解常用系统内置函数的功能，设计实例验证函数的功能，并写出使用实例及函数执行结果。

预备知识：

① 函数是所有程序设计语言中非常重要的组成部分，在各种程序设计语言中，对函数的调用方式都有着相近的形式：返回值＝函数名(...)，注意其中的括号，指定函数时应始终带上括号，即使没有参数也是如此。在 T - SQL 中，函数可用于：

● 使用 SELECT 语句的查询的选择列表中，以返回一个值。如：

```
——获取当前系统日期和时间
SELECT GETDATE()
```

● SELECT 或数据修改（SELECT、INSERT、DELETE 或 UPDATE）语句的

WHERE 子句搜索条件中,以限制符合查询条件的行。如:

——查询修学"07294002"号课程,且考试成绩高于该课程平均考试成绩的学生学号、姓名、考试成绩
SELECT S. S_ID,S. S_Name,SC. EXAM_Grade FROM Student S JOIN SC ON S. S_ID = SC. S_ID
　WHERE 　SC. C_ID='07294002' AND EXAM_Grade >
　(SELECT AVG(EXAM_Grade) FROM SC WHERE C_ID='07294002')

- 任意表达式中。
- CHECK 约束、DEFAULT 约束或触发器中。

② 本质上,函数与存储过程比较相似,它们都是由一系列有序的被预先优化的 T-SQL 语句所组成的独立工作单元,并可反复调用。函数与存储过程的主要区别在于执行后的返回结果。函数只能返回一个变量(可以是大部分数据类型的标量值,也可以是表类型的变量);存储过程可以通过输出参数返回多个变量值。此外函数是可以如前例那样被嵌入到 SQL 语句中使用的,而存储过程不行。一般来说,函数用于实现一些目标针对性较强的功能,而存储过程用于实现一些相对更加复杂的功能。

③ SQL Server 2005 提供了可用于执行特定操作的内置函数,如在查询实验部分中已使用过的 MAX、MIN、SUM、AVG 等聚合函数。SQL Server 2005 中有以下类型的内置函数:

- 聚合函数:执行的操作是将多个值合并为一个值。
- 日期和时间函数:可以更改日期和时间的值。
- 数学函数:执行三角、几何和其他数字运算。
- 字符串函数:可更改 char、varchar、nchar、nvarchar、binary 和 varbinary 的值。
- 文本和图像函数:可更改 text 和 image 的值。
- 排名函数:是一种非确定性函数(表示即便使用相同的一组输入值,也不会在每次调用这些函数时都返回相同的结果),可以返回分区中每一行的排名值。
- 行集函数:返回可在 Transact-SQL 语句中表引用所在位置使用的行集。
- 游标函数:返回有关游标状态的信息。
- 元数据函数:返回数据库和数据库对象的属性信息。
- 配置函数:是一种标量函数,可返回有关配置设置的信息。
- 系统函数:对系统级的各种选项和对象进行操作或报告。
- 系统统计函数:返回有关 SQL Server 性能的信息。
- 安全函数:返回有关用户和角色的信息。
- 加密函数:支持加密、解密、数字签名和数字签名验证。

注意 SQL Server 中以"@@"为前缀的全局变量是一种特殊类型的变量,它们是系统定义的函数,并由数据库服务器维护这些变量的值。在 SQL Server 7.0 以前的版本中全局变量是由系统提供且预先声明的变量,并以"@@"前缀区别于局部变量,但 SQL Server 7.0 及其以后版本 Transact-SQL 全局变量已是函数形式,并作为函数引用,当查询 SQL Server 联机丛书时,会搜索到"@@"前缀形式的内置函数,如"@@ERROR"(返回执行的上一个 Transact-SQL 语句的错误号)是一个系统函数类型的内置函数。

实验步骤：

① 验证下列常用全局变量的功能。

常用全局变量：@@ERROR、@@IDENTITY、@@CONNECTIONS、@@CPU_BUSY、@@IDLE、@@IO_BUSY、@@LANGID、@@LANGUAGE、@@MAX_CONNECTIONS、@@MAX_PRECISION、@@OPTIONS、@@PACK_RECEIVED、@@PACK_SENT、@@PACKET_ERRORS、@@SERVERNAME、@@SERVICENAME、@@VERSION、@@TIMETICKS、@@TRANCOUNT

② 设计实例验证下列常用函数的功能。

日期和时间函数：DATEADD、DATEDIFF、DATENAME、DATEPART、DAY、GETDATE、GETUTCDATE、MONTH、YEAR

数学函数：ABS、CEILING、FLOOR、EXP、PI、POWER、RAND、ROUND、SIGN、SQRT

字符串函数：ASCII、CHAR、LOWER、UPPER、STR、LTRIM、RTRIM、LEFT、RIGHT、SUBSTRING、CHARINDEX、PATINDEX、QUOTENAME、REPLICATE、REVERSE、REPLACE、SPACE、STUFF

排名函数：ROW_NUMBER、RANK、DENSE_RANK

（2）理解标量函数、表值函数（包括内联表值函数、多语句表值函数）两类用户定义函数的概念与功能；掌握创建各类用户定义函数的方法，在"TM"数据库中创建完成指定功能的用户定义函数。

预备知识：

① SQL Server 2005 用户定义函数(UDF，User Defined Function)接收参数、执行操作并将操作结果以值的形式返回，返回值可以是单个标量值或结果集。使用用户定义函数主要有以下优点：

- 允许模块化程序设计。只需创建一次函数并将其存储在数据库中，以后便可以在程序中调用任意次。用户定义函数可以独立于程序源代码进行修改。
- 执行速度更快。与存储过程相似，Transact-SQL 用户定义函数通过缓存计划并在重复执行时重用它来降低 Transact-SQL 代码的编译开销。这意味着每次使用用户定义函数时均无需重新解析和重新优化，从而缩短了执行时间。
- 减少网络流量。可以先将通过表达式表示的复杂约束来过滤数据的操作定义为用户定义函数，然后可以在 WHERE 子句中调用该用户函数，以减少发送至客户端的数据量。

② SQL Server 2005 用户定义函数类型包括标量函数与表值函数。

标量用户定义函数返回单个数据值，创建标量用户自定义函数的基本语法如下：

CREATE FUNCTION［架构名．］函数名

（［｛@参数名［AS］参数数据类型［＝默认值］｝［，...n］］
）

RETURNS 返回值数据类型

　　［WITHENCRYPTION］

［AS］
BEGIN
　　函数体
　　RETURN 标量值表达式
END［；］
其中：

- 函数名必须符合标识符的规则，并且在数据库中以及对其所在架构来说是唯一的。
- 通过将 at 符号（@）用作第一个字符来指定参数名称，参数名称必须符合有关标识符的规则。可声明一个或多个参数。函数最多可以有 1024 个参数。
- 对于 Transact - SQL 函数，参数数据类型可以使用除 timestamp 数据类型之外的所有数据类型。
- 可以为参数指定默认值，从而在执行函数时无需指定此参数的值。如果未定义参数的默认值，则用户必须提供每个已声明参数的值。
- 返回值数据类型可以是除 text、ntext、image、cursor 和 timestamp 外的任何数据类型。
- WITH ENCRYPTION 选项用于指示数据库引擎对包含 CREATE FUNCTION 语句文本的目录视图列进行加密。
- 函数体包括了一系列定义函数值的 Transact - SQL 语句，这些语句一起使用的计算结果为标量值。
- 标量表达式指定标量函数返回的标量值。

下面语句示例创建一个标量用户定义函数，该函数返回指定课程号课程的平均考试成绩：

```
USE TM
GO
CREATE FUNCTION get_AVG_EXAM_Grade(@courseID char(8))
RETURNS FLOAT
AS
BEGIN
DECLARE @AVG FLOAT
SET @AVG=(SELECT AVG(EXAM_Grade) FROM SC WHERE C_ID=@courseID)
RETURN @AVG
END
```

执行上述 T - SQL 语句后，可以"对象资源管理器"中依次展开"数据库"→"TM"→"可编程性"→"函数"→"标量值函数"，可以看到刚创建的标量用户函数 get_AVG_EXAM_Grade。以下语句示例了该用户定义函数的使用。

```
——查询号课程的平均考试成绩
SELECT dbo. get_AVG_EXAM_Grade('07294002')
——查询修学"07294002"号课程,且考试成绩高于该课程平均考试成绩的学生学号、姓名、考试成绩
SELECT S. S_ID,S. S_Name,SC. EXAM_Grade FROM Student S JOIN SC ON S. S_ID = SC. S_ID
WHERE   SC. C_ID='07294002' AND EXAM_Grade
>dbo. get_AVG_EXAM_Grade('07294002')
```

　　表值用户定义函数返回值类型为表（Table）。内联表值函数没有函数主体,返回表是单个 SELECT 语句的结果集。其余参数与标量函数定义相同。创建内联表值函数的基本语法如下：

CREATE FUNCTION［架构名. ］函数名
（［｛@参数名［ AS］参数数据类型［ = 默认值 ］｝［,...n］］）
RETURNSTABLE
　　［ WITH ENCRYPTION ］
　　［ AS ］
　　RETURN［（）select 语句［）］
［; ］

　　其中 select 语句表示返回表的单个 SELECT 语句。下面语句示例创建一个内联表值函数,该函数返回平均考试成绩小于指定分数的课程考试信息。

```
USE TM
GO
——为参数@grade 设定默认值为 100
CREATE FUNCTION Course_Exam_Info(@grade float =100)
RETURNS TABLE
AS
RETURN  (
SELECT C. C_ID,C. C_Name,AVG(SC. Exam_Grade) AS AVG_Exam_Grade FROM Course
C JOIN SC ON C. C_ID=SC. C_ID
GROUP BY C. C_ID,C. C_Name HAVING AVG(SC. Exam_Grade) < @grade )
```

　　执行上述 T - SQL 语句后,可以在"对象资源管理器"中依次展开"数据库"→"TM"→"可编程性"→"函数"→"表值函数",可以看到刚创建的内联表值函数 Course_Exam_Info。以下语句示例了该用户定义函数的使用。

```
——不指定函数参数值,使用默认值
SELECT C_ID,C_Name,AVG_Exam_Grade FROM dbo. Course_Exam_Info(DEFAULT)
——指定参数值为 83,使用返回表与 Course 进行连接,以获取更多信息
SELECT Course. * ,CE. AVG_Exam_Grade FROM dbo. Course_Exam_Info(83) AS CE
JOIN Course ON CE. C_ID=Course. C_ID
```

应特别注意：

- 如果函数的参数有默认值，则使用默认值调用该函数时必须指定 DEFAULT 关键字。此行为与在存储过程中使用具有默认值的参数不同，在后一种情况下，不提供参数同样意味着使用默认值。
- 表值函数返回的是表，可以在它上面执行连接操作，甚至可以在结果上应用 WHERE 子句进行条件选择。由于创建视图并不能进行参数化设计，所以创建表值函数是可以提供好像参数化了的视图的功能。

多语句表值函数的返回值是一个表，但它和标量函数一样有一个用 BEGIN-END 语句括起来的函数体，在 BEGIN-END 语句块中定义的函数体包含一系列 T-SQL 语句，这些语句可以进行多次查询，对数据进行多次筛选并将合适数据行插入将返回的表中，从而弥补了内联表值函数的一些不足。创建多语句表值函数的基本语法如下：

CREATE FUNCTION [架构名.] 函数名
([{@参数名 [AS] 参数数据类型 [=默认值]} [,...n]])
RETURNS 表变量名 TABLE <表变量字段定义>
　　[WITHENCRYPTION]
　　[AS]
　　BEGIN
　　　　函数体
　　　　RETURN
　　END[;]

其中表变量用于存储和汇总应作为函数值返回的行；表变量字段用于说明表结构定义。其余参数与标量函数定义相同。下面语句示例创建一个多语句表值函数，该函数返回课程平时成绩的平均成绩小于指定分数的信息。

```
USE TM
GO
CREATE FUNCTION Course_AVG_Info(@grade float =100)
RETURNS @Course_AVG_LESS
TABLE(C_ID CHAR(8),C_Name NVARCHAR(20),AVG_AVG_Grade FLOAT)
AS
BEGIN
INSERT @Course_AVG_LESS
SELECT C.C_ID,C.C_Name,AVG(SC.AVG_Grade) AS AVG_AVG_Grade FROM Course C
JOIN SC ON C.C_ID=SC.C_ID
GROUP BY C.C_ID,C.C_Name HAVING AVG(SC.AVG_Grade) < @grade
RETURN
END
```

执行上述 T-SQL 语句后，可以在"对象资源管理器"中依次展开"数据库"→"TM"→"可编程性"→"函数"→"表值函数"，可以看到刚创建的多语句表值函数 Course_AVG_Info。以下语句示例了该用户定义函数的使用。

——查询平均平时成绩小于 87 分的课程信息
SELECT　Course. * ,CA. AVG_AVG_Grade FROM Course_AVG_Info(87) CA JOIN
Course ON CA. C_ID=Course. C_ID

③ 可以通过 ALTER FUNCTION 语句更改已创建的用户定义函数,但不能用
ALTER FUNCTION 将标量值函数更改为表值函数,反之亦然。同样,也不能用
ALTER FUNCTION 将内联函数更改为多语句函数。可以通过 DROP FUNCTION 语
句删除用户定义函数。

实验步骤:

① 在"TM"数据库中创建一个标量函数 get_Current_Age,该函数接收一个日期型参
数@birthday(生日),返回此日期出生的人当前的年龄。

② 在"TM"数据库中创建一个内联表值函数 get_Dept_Teacher_Info,该函数接收一
个字符型参数"@dept_name"(院系名称),返回指定院系的教师信息表。

③ 在"TM"数据库中创建一个多语句表值函数 get_Dept_Teacher_Info2,使该函数
完成与 get_Dept_Teacher_Info 相同的功能。

四、实验报告要求

(1) 根据实验过程,说明实验中指定的各常用全局变量的功能,同时说明使用实例及
执行结果。

(2) 根据实验过程,说明实验中指定的各常用函数的功能,同时说明使用实例及执行
结果。

(3) 根据实验要求,写出创建标量函数 get_Current_Age 的 T‒SQL 语句,并说明该
函数的使用实例及执行结果。

(4) 根据实验要求,写出创建内联表值函数 get_Dept_Teacher_Info 的 T‒SQL 语
句,并说明该函数的使用实例及执行结果。

(5) 根据实验要求,写出创建多语句表值函数 get_Dept_Teacher_Info2 的 T‒SQL
语句,并说明该函数的使用实例及执行结果。

(6) 根据学习情况,尝试完成本实验中扩展实验部分,并在实验报告中对实验做出
总结。

实验十三　游标与事务基础实验

一、实验目的

（1）理解游标的概念与主要用途；了解 SQL Server 中使用游标的一般过程；掌握定义、打开、操纵、关闭和释放游标的基本方法。

（2）理解事务的概念。了解 SQL Server 显式事务组织结构；掌握使用 T－SQL 语句执行显式事务处理的基本方法。

二、实验要求

（1）理解 Transact－SQL 游标；练习通过游标对数据集进行逐行处理的方法。

（2）理解事务的处理结构；练习使用事务构建数据库逻辑工作单元的方法。

（3）按要求完成实验报告。

扩展实验：

（1）探索在游标上使用 UPDATE 和 DELETE 语句更新数据集的方法。

（2）根据你的理解，为"TM"数据库设计一个可以完成某项处理的事务。

三、实验过程指导

（1）理解 Transact－SQL 游标；练习通过游标对数据集进行逐行处理的方法。

预备知识：

① 游标是提取数据集并逐行处理的一种数据访问机制。一般而言，关系数据库中的数据操作会对整个数据集产生影响，如使用 SELECT 语句检索数据表时，得到的是一个满足指定查询条件的结果数据集。然而应用程序并不总能将整个结果集作为一个单元来有效地处理，经常需要逐行处理数据集中的每一条记录，游标就是提供这种机制的对数据集的一种扩展处理形式。Transact－SQL 游标主要用于脚本、存储过程和触发器中，从而使游标中结果集的内容可用于其他 Transact－SQL 语句。SQL Server 也支持 ADO、OLE DB 和 ODBC 等数据库应用程序编程接口的游标功能，如果既未请求 Transact－SQL 游标也未请求 API 游标，则默认情况下 SQL Server 将向应用程序返回一个完整的结果集。

② 使用 SQL Server 游标的一般过程如下：

a. 定义游标，将其与 SELECT 查询的结果集相关联，同时指定该游标的特性，如是否可更新游标是指定行。

b. 打开游标,执行定义游标时指定的 SELECT 语句填充游标,使结果集处于可用状态。

c. 从游标中检索数据行。提取(fetch)是指从游标中检索一行或一部分行的操作;滚动(scroll)是指向前或向后检索行的操作。

d. 可根据需要,对游标中处在当前位置的行执行修改操作(更新或删除)。

e. 关闭游标。游标打开后,SQL Server 服务器将会为该游标分配一定的内存空间用来存放游标结果集;同时在游标的使用过程中,服务器也会根据具体情况来封锁某些数据。对于不使用的游标应及时将该游标关闭,从而释放游标所占用的资源。游标关闭后,还可以再次打开和使用。

f. 释放游标。游标关闭后,本身也还是会占用一定的资源,所以对于某个不再使用的游标可以将其释放,从而收回分配给此游标的资源。游标释放后,如果想重新使用该游标,则必须重新执行游标的声明语句。

③ 定义 Transact - SQL 游标的基本语法如下:

DECLARE 游标名 [INSENSITIVE] [SCROLL] CURSOR

FOR select 语句

[FOR { READ ONLY | UPDATE [OF 字段名 [,…n]] }] [;]

其中:

- INTENSIVE:设置根据游标定义所取得结果集将存放在 tempdb 数据库下的一个临时表内,对游标的所有请求都将从这一临时表中得到应答。因此,对游标定义中所基于的基本表的修改并不会影响游标进行提取操作时返回的数据,同时也无法通过游标来更新基本表。若不指定该选项,那么对基本表的更新、删除都会反映到游标中。

- SCROLL:表明所有的提取(fetch)操作(FIRST、LAST、PRIOR、NEXT、RELATIVE、ABSOLUTE)均可用。若不使用该保留字,则只能进行 NEXT 提取操作。SCROLL 增加了数据提取操作的灵活性,可以读取结果集中的任意行数据,而不必关闭再重开游标。

- select 语句:定义游标结果集的标准 Transact - SQL 的 SELECT 语句。

- READ ONLY:禁止通过该游标进行更新。在 UPDATE 或 DELETE 语句的 WHERE CURRENT OF 子句中不能引用游标。该选项优于要更新的游标的默认功能。

- UPDATE [OF 字段名[,…n]]:定义游标中可更新的字段。如果指定了 OF 字段名[,…n],则只允许修改列出的字段。如果指定了 UPDATE,但未指定字段名的列表,则可以更新所有字段。在"TM"数据库中定义一个学生修学课程信息游标"crs_sc_info"的示例语句如下:

```
USE TM
GO
DECLARE csr_sc_info SCROLL CURSOR ——设置 SCROLL 允许所有的提取(fetch)操作
FOR SELECT S. S_ID,S. S_Name,C. C_ID,C. C_Name,EXAM_Grade,AVG_Grade FROM
Student SJOIN SC ON S. S_ID=SC. S_ID JOIN Course C ON SC. C_ID=C. C_ID
FOR READ ONLY      ——只读游标
```

④ 打开游标的基本语法如下：

OPEN 游标名

其中游标名是一个已定义但尚未打开的游标，打开游标后就可以使用游标对结果集进行访问了。

打开"csr_sc_info"的语句如下：

OPEN csr_sc_info

⑤ 提取已打开游标中的数据使用 FETCH 命令，其基本语法如下：

FETCH [[NEXT|PRIOR|FIRST|LAST|

　　　　ABSOLUTE｛n｝| RELATIVE｛n｝] FROM]

　　　　{游标名}［ INTO @变量名［,...n］］

其中，

- NEXT|PRIOR|FIRST|LAST：指定游标的移动方向，分别用于指定游标当前行下一条、当前行前一条、游标第一条或游标最后一条记录。默认的提取选项为NEXT。
- ABSOLUTE｛n｝：n 必须是整数常量。如果 n 为正数，则返回从游标头开始的第 n行，并将返回行变成新的当前行。如果 n 为负数，则返回从游标末尾开始的第 n行，并将返回行变成新的当前行。如果 n 为 0，则不返回行。
- 游标名：指定一个已定义且打开的游标。
- RELATIVE｛n｝：n 必须是整数常量。如果 n 为正数，则返回从当前行开始的第 n行，并将返回行变成新的当前行。如果 n 为负数，则返回当前行之前第 n 行，并将返回行变成新的当前行。如果 n 为 0，则返回当前行。在对游标完成第一次提取时，如果再将 n 设置为负数或 0 的情况下指定 FETCH RELATIVE，则不返回行。
- INTO @变量名［,...n］：允许将提取操作得到的行中字段值放到局部变量中。列表中的各个变量从左到右与游标结果集中行的相应字段一一对应。各变量的数据类型必须与相应的结果集中行对应字段的数据类型匹配，或是该数据类型所支持的隐式转换。变量的数目必须与游标选择列表中的字段数一致。

对游标"csr_sc_info"检索数据的一些示例语句如下：

```
FETCH  NEXT FROM  csr_sc_info —— 提取当前行下一行，并设置其为游标新的当前行
——由于打开游标后，行指针是指向该游标第1行之前，所以第一次执行 FETCH NEXT 操作将取得
游标集中的第2行数据
FETCH  FROM  csr_sc_info  ——同 FETCH  NEXT FROM  csr_sc_info
FETCH  PRIOR FROM  csr_sc_info —— 提取当前行前一行，并设置其为游标新的当前行
——如果第一次读取则没有行返回，并且把游标置于第一行之前
FETCH FIRST FROM  csr_sc_info —— 提取结果集中的第一行，并且将其作为当前行
FETCH LAST FROM csr_sc_info ——提取结果集中的最后一行，并且将其作为当前行
FETCH ABSOLUTE 3 FROM csr_sc_info——提取结果集中的第3行，并且第3行变成新的当前行
FETCH ABSOLUTE −1 FROM csr_sc_info——提取结果集中的倒数第3行，并且该行变成新的当
前行
```

```
FETCH RELATIVE −50 FROM csr_sc_info——提取当前行之前的第 50 行,并且该行变
成新的当前行
FETCH RELATIVE 10 FROM csr_sc_info——提取当前行之后的第 10 行,并且该行变成
新的当前行
——为游标结果集各字段声明一个变量
DECLARE @sID CHAR(8),@name NCHAR(10),@cID CHAR(8),@cName
nvarchar(20),@eaxmGrade DECIMAL(6,2),@avgGrade DECIMAL(6,2)
——使用 FETCH INTO 语句提取单个行,并将各字段中的数据值赋给对应的变量
FETCH FIRST FROM   csr_sc_info   INTO
@sID,@name,@cID,@cName,@eaxmGrade,@avgGrade
——使用已赋值的变量,进行相应处理
SELECT   @sID,@name,@cID,@cName,@eaxmGrade * 0.4+@avgGrade * 0.6
```

⑥ Transact−SQL 游标每次执行 FETCH 语句只返回结果集中的一行,全局变量
@@FETCH_STATUS 总是返回一个连接中打开的任何游标上执行一条游标 FETCH
语句后的状态。@@FETCH_STATUS 对于在一个连接上的所有游标都是全局性的,在
执行一条 FETCH 语句后,必须在对另一游标执行另一 FETCH 语句前测试 @@
FETCH_STATUS。在此连接上出现任何提取操作之前,@@FETCH_STATUS 的值
没有定义。@@FETCH_STATVS 返回的状态信息如表 13-1 所示:

表 13-1　@@FETCH_STATUS 返回值

返回值	状态含义
0	FETCH 语句成功执行
−1	FETCH 语句执行失败或游标结果集中已不能取到数据
−2	FETCH 提取的行不存在

在 WHILE 语句中使用@@FETCH_STATUS 循环读取游标数据集的示例语句
如下:

```
——根据@@FETCH_STATUS 来确定是否继续读取数据
WHILE @@FETCH_STATUS=0
BEGIN
  FETCH   NEXT FROM   csr_sc_info
END
```

⑦ 关闭游标的基本语法如下:
CLOSE　游标名
关闭游标的示例语句如下:

```
CLOSE csr_sc_info
```

关闭一个打开的游标,将释放游标结果集,并解除定位游标上的游标锁定。关闭游标

并不改变它的定义,游标的数据结构仍将保留,可以再次用 OPEN 语句打开它,但在重新打开游标之前不允许提取和定位更新操作。只可以对打开的游标执行 CLOSE;不允许对仅声明或已关闭的游标执行 CLOSE。

⑧ 释放游标的基本语法如下:

DEALLOCATE 游标名

释放游标的示例语句如下:

```
DEALLOCATE csr_sc_info
```

释放游标将使组成该游标的数据结构被释放,包括该游标的名字。释放游标后,系统将会收回与该游标有关的一切资源,包括游标的声明,释放后不可再使用该游标。

实验步骤:

① 根据你的理解,定义一个取教师授课信息为结果集的 Transact - SQL 游标"csr_tc_info"。

② 打开游标"csr_tc_info",练习从游标中按行提取数据并处理的方法。

③ 关闭和释放游标"csr_tc_info"。

(2) 理解事务的处理结构;练习使用事务构建数据库逻辑工作单元的方法。

预备知识:

① 事务是由一系列数据库操作构成的单一独立逻辑工作单元,由数据库系统保证事务的正确执行,即如果某一事务中所有操作均成功执行,则在该事务中进行的所有数据修改均会提交,成为数据库中的永久组成部分。如果事务执行后,由于某些原因而失败(无论是事务本身执行操作的失败,还是数据库系统或操作系统崩溃,甚至是机器停止运行),事务中已执行操作对数据库造成的任何可能的修改都要撤销。事务具有原子性、一致性、隔离性与持久性等 4 个属性(即 ACID 属性)。

② 显式事务就是可以显式地在其中定义事务的开始和结束的事务,也称为"用户定义的事务"或"用户指定的事务"。SQL Server 显式事务的一般结构如下:

a. 启动事务:使用 BEGIN TRANSACTION 标记显式连接事务的起始点。

b. 提交事务:若事务中各操作成功执行,没有遇到错误,可使用 COMMIT TRANSACTION 成功地结束事务:该事务中的所有数据修改在数据库中都将永久有效。事务占用的资源将被释放。

c. 回滚事务:事务执行中遇到错误,使某些操作失败,可使用 ROLLBACK TRANSACTION 进行回滚,清除遇到错误的事务。该事务修改的所有数据都返回到事务开始时的状态。事务占用的资源将被释放。

在事务中可以使用除了以下语句外的所有 Transact - SQL 语句:

- ALTER DATABASE
- RECONFIGURE
- BACKUP
- RESTORE
- CREATE DATABASE

● UPDATE STATISTICS

● DROP DATABASE

③ 启动一个显式事务的基本语法如下：

BEGIN ｛ TRAN ｜ TRANSACTION ｝　事务名

事务名用于指定分配给显式事务的名称，启动一个事务示例语句如下：

```
－－启动显示事务"T1"
BEGIN TRANSACTION T1
```

提交事务的基语法如下：

COMMIT ｛ TRAN ｜ TRANSACTION ｝［事务名］［；］

应注意事务名是启动事务时由 BEGIN TRANSACTION 语句指定的事务名，实际上 SQL Server 数据库引擎忽略此参数，该参数的作用是可以帮助程序员搞清楚 COMMIT TRANSACTION 与哪个 BEGIN TRANSACTION 相关联。事务提交后，不能再回滚事务。

提交事务的示列语句如下：

```
－－提交事务
COMMIT TRANSACTION T1
```

回滚事务的基本语法如下：

ROLLBACK ｛ TRAN ｜ TRANSACTION ｝［事务名］［；］

事务名是启动事务时由 BEGIN TRANSACTION 语句指定的事务名。

回滚事务的示例语句如下：

```
ROLLBACK TRANSACTION T1
```

④ 下列 T－SQL 启动一个事务"add_teaching_tasks"，该事务在 TC 表中插入若干教师授课记录，一名教师的授课记录必须一次全部成功插入，或者什么都不做。示例语句如下：

```
－－启动显示事务"T1"
DECLARE @ERR INT
BEGIN TRANSACTION add_teaching_tasks
SET @ERR=0
INSERT INTO TC(T_ID,C_ID,CLASS_ID,Semester)
VALUES('T0099006','07255009',4,'2012－2013－2')
SET @ERR=@ERR+@@ERROR －－通过全局变量@@ERROR，读取 Transact－SQL 语句的错
误号，若无错误则返回零
INSERT INTO TC(T_ID,C_ID,CLASS_ID,Semester)
VALUES('T0099006','07255009',3,'2012－2013－2')
SET @ERR=@ERR+@@ERROR
INSERT INTO TC(T_ID,C_ID,CLASS_ID,Semester)
```

```
VALUES('T0099006','07254014',3,'2012-2013-2')
SET @ERR=@ERR+@@ERROR
IF @@ERROR <> 0   ——若事务中插入语句有错,则回滚事务,否则提交事务
  BEGIN
 ROLLBACK TRANSACTION   ——回滚事务
  END
ELSE
  BEGIN
COMMIT TRANSACTION   ——提交事务
  END
```

实验步骤:

在"TM"数据库中启动执行一个"add_sc"事务,该事务一次将多条学生修学课程信息插入"SC"表,所有记录或者全部成功插入,或者什么记录都不插入。

四、实验报告要求

(1) 根据实验要求,写出定义游标"csr_tc_info"的语句,同时说明使用该游标按行提取和处理数据的实例及执行结果。

(2) 简要说明数据库事务的 ACID 属性;根据实验要求,写出"add_sc"事务处理语句。

(3) 根据学习情况,尝试完成本实验中扩展实验部分,并在实验报告中对实验做出总结。

图书在版编目(CIP)数据

数据库原理实验教程(SQL Server 2005) / 李朔,杨
蔚鸣主编. —南京:南京大学出版社,2013.3(2024.1重印)
应用型本科院校计算机类专业校企合作实训系列教材
ISBN 978 - 7 - 305 - 11404 - 5

Ⅰ. ①数…　Ⅱ. ①李…　②杨…　Ⅲ. ①关系数据库系
统—高等学校—教材　Ⅳ. ①TP311.138

中国版本图书馆 CIP 数据核字(2013)第 087373 号

出版发行　南京大学出版社
社　　址　南京市汉口路 22 号　　邮　编　210093

丛 书 名　应用型本科院校计算机类专业校企合作实训系列教材
书　　名　**数据库原理实验教程(SQL Server 2005)**
主　编　李　朔　杨蔚鸣
责任编辑　樊龙华　单　宁　　　编辑热线　025 - 83686531

照　　排　南京开卷文化传媒有限公司
印　　刷　广东虎彩云印刷有限公司
开　　本　787 mm×1092 mm　1/16　印张 8　字数 190 千
版　　次　2013 年 3 月第 1 版　2024 年 1 月第 7 次印刷
ISBN　978 - 7 - 305 - 11404 - 5
定　　价　30.00 元

网　　址:http://www.njupco.com
官方微博:http://weibo.com/njupco
官方微信:njupress
销售咨询:(025)83594756